Paul Müller



# Formelsammlung
# Metalltechnik

**1. Auflage 2017**

Dr.-Ing. Paul Christiani GmbH & Co. KG

Hinweise auf DIN-Normen in diesem Werk entsprechen dem Stande der Normung bei Abschluss des Manuskriptes. Die Normen sind wiedergegeben mit Erlaubnis des DIN Deutsches Institut für Normung e. V. Maßgebend für das Anwenden der Norm ist deren Fassung mit dem neuesten Ausgabedatum, die bei der Beuth Verlag GmbH, Burggrafenstr. 6, 10787 Berlin erhältlich ist.

Umschlaggestaltung: Dr.-Ing. Paul Christiani GmbH & Co. KG, Konstanz

Umschlagfoto: Fraunhofer IWU

*Best.-Nr.* *95191*

ISBN 978-3-95863-241-7

1. Auflage 2017

# Ein paar Worte ...

Die Formelsammlung Metalltechnik ermöglicht einen raschen und präzisen Überblick über die wichtigen Formeln des Berufsfeldes Metall.

Somit eignet sie sich sehr gut für den Einsatz in Facharbeiterprüfungen. Wenn bei der Arbeit Zusatzinformationen benötigt werden, können Verweise auf die entsprechenden Tabellenbuchseiten sehr hilfreich und informativ sein.

Formelsammlung und Tabellenbuch sind eine unschlagbare Kombination in der Berufsbildung und im Berufsalltag.

# Inhalt

## Allgemeine Grundlagen

### Physikalische Gleichungen

| Größengleichung | Zugeschnittene Größengleichung | Einheitengleichung | Zahlenwertgleichung |
|---|---|---|---|
| $n = \frac{f}{p}$ | $n = \frac{f \cdot 60}{p}$ | 1 h = 3600 s<br>1 kg = 1000 g | $v = 3{,}6 \cdot \frac{s}{t}$<br>*v* in km/h<br>*s* in m<br>*t* in s |

### Basiseinheiten

| Physikalische Größe | Formelzeichen | Einheit | Kennzeichen der Einheit |
|---|---|---|---|
| Länge | $l$ | Meter | m |
| Masse | $m$ | Kilogramm | kg |
| Zeit | $t$ | Sekunde | s |
| Stromstärke | $I$ | Ampere | A |
| Temperatur [1] | $T$ | Kelvin | K |
| Stoffmenge | $n$ | Mol | mol |
| Lichtstärke | $I_V$ | Candela | cd |

[1] Thermodynamische Temperatur

### Umrechnung von Einheiten

| Längen | Flächen | Volumen | Kräfte | Massen |
|---|---|---|---|---|
| 1 µm = 0,001 mm | 1 cm² = 100 mm² | 1 ml = 0,001 l | 1 mN = 0,001 N | 1 µg = 0,001 mg |
| 1 mm = 0,001 m | 1 m² = 10 000 cm² | 1 cl = 0,01 l | 1 daN = 10 N | 1 mg = 0,001 g |
| 1 cm = 10 mm | 1 m² = 100 dm² | 1 l = 1000 ml | 1 kN = 1000 N | 1 kg = 1000 g |
| 1 dm = 10 cm | 1 a = 100 m² | 1 hl = 100 l | 1 MN = 1000 kN | 1 Mg = 1000 kg |
| 1 m = 10 dm | 1 ha = 100 a | 1 dm³ = 1000 cm³ | | 1 t = 1000 kg |
| 1 km = 1000 m | 1 km² = 100 ha | 1 m³ = 1000 dm³ | | |

### Dezimale Teile und Vielfache von Einheiten

| Vorsatz | Faktor | Zeichen | Vorsatz | Faktor | Zeichen | Vorsatz | Faktor | Zeichen |
|---|---|---|---|---|---|---|---|---|
| Piko | $10^{-12}$ | p | Zenti | $10^{-2}$ | c | Kilo | $10^{3}$ | k |
| Nano | $10^{-9}$ | n | Dezi | $10^{-1}$ | d | Mega | $10^{6}$ | M |
| Mikro | $10^{-6}$ | µ | Deka | $10^{1}$ | da | Giga | $10^{9}$ | G |
| Milli | $10^{-3}$ | m | Hekto | $10^{2}$ | n | Tera | $10^{12}$ | T |

*Hinweis:*
Nach Möglichkeit nur Vorsätze verwenden, deren Zahlenwerte zwischen 0,1 und 1000 liegen.
Vorsätze mit ganzzahliger Potenz von Tausend ($10^{3 \cdot n}$) sind zu bevorzugen.

## Allgemeine Grundlagen

### Formelzeichen und Einheiten

| Größe | Zeichen | Einheit | Hinweis |
|---|---|---|---|
| Arbeit, Energie | *W*, *E* | Joule J<br>Newtonmeter Nm<br>Wattsekunde Ws<br>Kilowattstunde kWh | 1 kcal = 4186,6 Ws<br>$1 \text{ J} = 1 \text{ Nm} = 1 \text{ Ws} = 1 \frac{\text{kg} \cdot \text{m}^2}{\text{s}^2}$<br>$1 \text{ kWh} = 3600000 \text{ Ws} = 3{,}6 \cdot 10^6 \text{ J}$ |
| Beschleunigung | *a*, *g* | $\frac{\text{m}}{\text{s}^2}$ | Fallbeschleunigung<br>$g = 9{,}81 \frac{\text{m}}{\text{s}^2} \approx 10 \frac{\text{m}}{\text{s}^2}$ |
| Dichte | $\varrho$ | $\frac{\text{kg}}{\text{m}^3}$ | $1 \frac{\text{g}}{\text{cm}^3} = 0{,}001 \frac{\text{g}}{\text{mm}^3}$<br>$1 \frac{\text{t}}{\text{m}^3} = 1 \frac{\text{kg}}{\text{dm}^3} = 1 \frac{\text{g}}{\text{cm}^3}$<br>Bei *Fluiden* wird die Dichte in kg/l (Liter) angegeben. |
| Moment<br>Drehmoment<br>Biegemoment<br>Torsionsmoment | $M$<br>$M_d$<br>$M_b$<br>$M_t$, $T$ | Nm<br>Newtonmeter | 1 N · m = 1 J<br>$M = F \cdot r$<br>rechtsdrehendes Moment<br>linksdrehendes Moment<br>$M = F \cdot r$<br>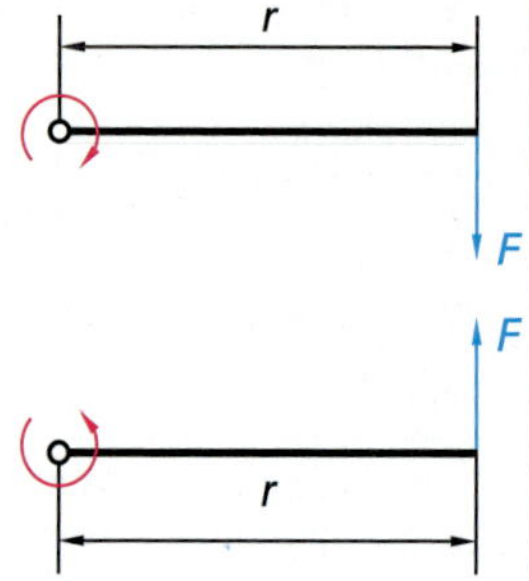 |
| Drehzahl<br>Umdrehungs-frequenz | *n* | $\frac{1}{\text{s}}, \frac{1}{\text{min}}$ | 1 min = 60 s<br>$1460 \frac{1}{\text{min}} = \frac{1460}{60} \frac{1}{\text{s}} = 24{,}3 \frac{1}{\text{s}}$ |
| Druck<br>absoluter Druck<br>Athmosphären-druck<br>Überdruck | $p$<br>$p_{abs}$<br>$p_{amb}$<br>$p_e$ | Pa<br>Pascal | $1 \text{ Pa} = 1 \frac{\text{N}}{\text{m}^2} = 0{,}01 \text{ mbar}$<br>$1 \text{ bar} = 10^5 \text{ Pa} = 100000 \frac{\text{N}}{\text{m}^2} = 10 \frac{\text{N}}{\text{cm}^2}$<br>1 mbar = 1 h Pa<br>$1 \frac{\text{N}}{\text{mm}^2} = 10 \text{ bar} = 1 \text{ MPa}$ |
| Energie | *E*, *Q*, *W* | Joule J<br>Wattstunde Wh<br>Wattsekunde Ws | $1 \text{ J} = 1 \text{ Nm} = 1 \text{ Ws} = 1 \frac{\text{kg} \cdot \text{m}^2}{\text{s}^2}$<br>1 kWh = 3600000 J |
| Feldstärke, elektrische | *E* | $\frac{\text{V}}{\text{m}}$ $\frac{\text{Volt}}{\text{Meter}}$ | $E = \frac{F}{Q}$ *F* Kraft in N<br>$Q = I \cdot t$ elektrische Ladung |

## Allgemeine Grundlagen

### Formelzeichen und Einheiten

| Größe | Zeichen | Einheit | Hinweis |
|---|---|---|---|
| Feldstärke, magnetische | $H$ | $\frac{A}{m}$ $\frac{\text{Ampere}}{\text{Meter}}$ | |
| Flächeninhalt | $A$, $S$ | $m^2$ | $1\ m^2 = 100\ dm^2 = 10^2\ dm^2$<br>$1\ m^2 = 10000\ cm^2 = 10^4\ cm^2$<br>$1\ m^2 = 1000000\ mm^2 = 10^6\ mm^2$<br>$100\ ha = 1\ km^2$<br>$1\ ha = 100\ ar = 10000\ m^2$ |
| Frequenz | $f$ | Hz Hertz | $1\ Hz = 1\ \frac{1}{s} = 1\ s^{-1}$ |
| Geschwindigkeit | $v$ | $\frac{m}{s}$ | $1\ \frac{m}{s} = 3{,}6\ \frac{km}{h}$<br>$1\ \frac{km}{h} = \frac{1}{3{,}6}\ \frac{m}{s} = 0{,}278\ \frac{m}{s}$ |
| Kraft | $F$ | N Newton | $1\ N = 1\ \frac{kg \cdot m}{s^2} = 1\ \frac{Ws}{m} = 1\ \frac{J}{m}$<br>$1\ kN = 1000\ N = 10^3\ N$<br>Gewichtskraft: $F_G$, $G$ |
| Länge<br>Breite<br>Höhe, Tiefe<br>Dicke<br>Radius<br>Durchmesser<br>Weg, Strecke | $l$<br>$b$<br>$h$<br>$d$<br>$r$<br>$d$, $D$<br>$s$ | m Meter | 1 km = 1000 m<br>1 m = 1000 mm = 100 cm = 10 dm<br>1 mm = 1000 µm<br>Einheiten außerhalb des SI-Systems:<br>1 inch = 25,4 mm = 1 Zoll<br>1 foot = 0,3048 m<br>1 yard = 0,9144 m<br>1 Meile = 1609 m<br>1 Seemeile = 1852 m |
| Leistung | $P$ | W Watt | $1\ W = 1\ V \cdot 1\ A$<br>$1\ W = 1\ \frac{J}{s} = 1\ \frac{Nm}{s} = 1\ \frac{kg \cdot m^2}{s^3}$<br>1 kp = 9,807 W<br>1 PS = 735 W |
| Leitfähigkeit, elektrische | $\gamma$, $\varkappa$ | $\frac{1}{\Omega \cdot m} = \frac{S}{m}$ | S: Siemens<br>$1\ S = 1\ \frac{1}{\Omega}$ |
| Masse | $m$ | kg | 1 kg = 1000 g<br>1 g = 0,001 kg = 1000 mg<br>1 t = 1000 kg |
| Spannung, elektrische | $U$ | V Volt | $1\ V = 1\ \frac{W}{A} = 1\ \frac{J}{As} = 1\ \frac{Nm}{As}$ |
| Spannung, mechanische | $\sigma$, $\tau$ | $\frac{N}{mm^2}$ | $1\ \frac{N}{mm^2} = 10\ \frac{kN}{cm^2} = 1\ \frac{MN}{m^2}$ |

## Allgemeine Grundlagen

### Formelzeichen und Einheiten

| Größe | Zeichen | Einheit | | Hinweis |
|---|---|---|---|---|
| Strecke | $s$, $l$ | m | Meter | 1 m = 10 dm = 100 cm = 1000 mm<br>1 km = 1000 m<br>1'' = 25,4 mm<br>Auch die Bezeichnung *Länge* ist möglich. |
| Stromstärke, elektrische | $I$ | A | Ampere | $1\ \text{A} = 1\ \frac{\text{V}}{\Omega}$ |
| Trägheitsmoment | $J$ | $\text{kg} \cdot \text{m}^2$ | | Bezeichnung *Massenträgheitsmoment* ist nicht mehr üblich. |
| Volumen | $V$ | $\text{m}^3$, l | | $1\ \text{m}^3 = 1000\ \text{dm}^3 = 10^3\ \text{dm}^3 = 1000\ \text{l} = 10\ \text{hl}$<br>$1\ \text{m}^3 = 10^6\ \text{cm}^3$<br>$1\ \text{l} = 1000\ \text{cm}^3 = 1\ \text{dm}^3 = 0{,}001\ \text{m}^3$<br>$1\ \text{ml} = 1\ \text{cm}^3 = 1000\ \text{mm}^3$<br>*Volumenangabe:*<br>• Körper: $\text{m}^3$<br>• Flüssigkeiten l (Liter) |
| Wärmeübertragung | | | | |
| Thermodynamische Temperatur | $T$, $\Theta$ | K | Kelvin | –273,15 °C ≈ 0 K<br>T(K) = $t$ + 273,15 K |
| Celsius-Temperatur | $t$, $\vartheta$ | °C | Grad Celcius | 273,15 K ≈ 0 °C<br>$t$ (°C) = $T$ – 273,15 K |
| Wärmemenge | Q | J | Joule | 1 J = 1 · N m = 1 W · s<br>3 600 000 J ≈ 1 kW · h |
| spezifische Wärmekapazität | $c$ | $\frac{\text{kJ}}{\text{kg} \cdot \text{K}}$ | | $1\ \frac{\text{kJ}}{\text{kg} \cdot °\text{C}}$, $1\ \frac{\text{kJ}}{\text{kg} \cdot \text{K}}$ |
| spezifischer Heizwert | $H_i$, $H_u$ | $\frac{\text{kJ}}{\text{kg}}$ | | $1\,000\,000\ \frac{\text{kJ}}{\text{kg}} = 1\ \frac{\text{MJ}}{\text{kg}}$ |
| Wärmedurchgangskoeffizient | $U$ | $\frac{\text{W}}{\text{m}^2 \cdot \text{K}}$ | | $1\ \frac{\text{kcal}}{\text{m}^2 \cdot \text{h} \cdot °\text{C}} \approx 1{,}2\ \frac{\text{W}}{\text{m}^2 \cdot \text{K}}$ |
| Wärmeleitfähigkeit | $\lambda$ | $\frac{\text{W}}{\text{m} \cdot \text{K}}$ | | $1\ \frac{\text{kcal}}{\text{m} \cdot \text{h} \cdot °\text{C}} \approx 1{,}2\ \frac{\text{W}}{\text{m} \cdot \text{K}}$ |
| Widerstand, elektrischer | $R$ | Ω | Ohm | $1\ \Omega = 1\ \frac{\text{V}}{\text{A}}$ |
| Winkel, ebener | $\alpha$, $\beta$, $\gamma$ | rad<br>°<br>′<br>″ | Radiant<br>Grad<br>Minute<br>Sekunde | $1\ \text{rad} = \frac{180°}{\pi} = 57{,}296°$<br>1° = 60′ = 3600″<br>1′ = 60″ |

# Allgemeine Grundlagen

## Formelzeichen und Einheiten

| Größe | Zeichen | Einheit | Hinweis |
|---|---|---|---|
| Winkel, Phasenverschiebung | $\varphi$ | rad Radiant<br>° Grad | In *Wechselstromkreisen* mit *induktiven* und/oder *kapazitiven* Widerständen. |
| Winkelgeschwindigkeit | $\omega$ | $\frac{1}{s}$ | $\omega = 2\,\pi n$<br>In der Elektrotechnik *Kreisfrequenz* genannt. |
| Zeit<br>Periodendauer | $t$<br>$T$ | d Tag<br>h Stunden<br>min Minuten<br>s Sekunden | 1 d = 24 h = 1440 min = 86 400 s<br>1 min = 60 s<br>1 h = 60 min = 3600 s |

## Umrechnung von Einheiten

### Längeneinheiten

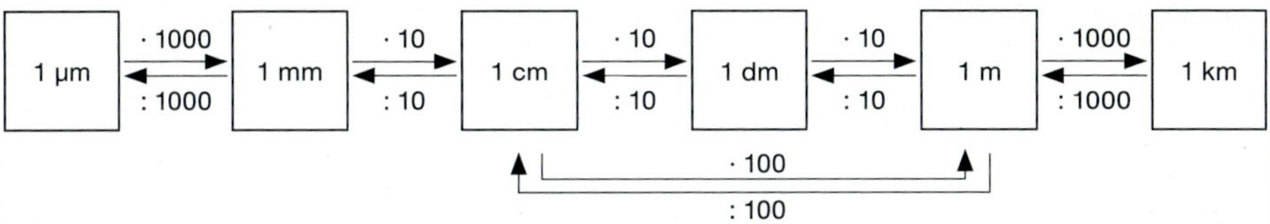


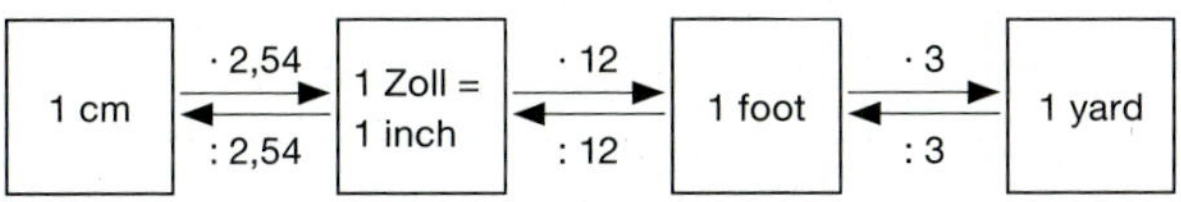


### Flächeneinheiten

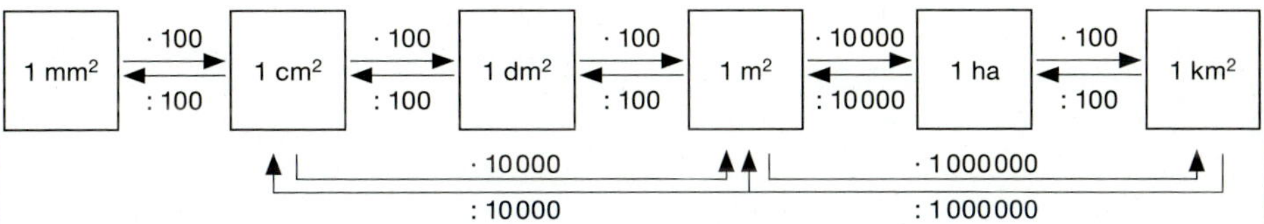


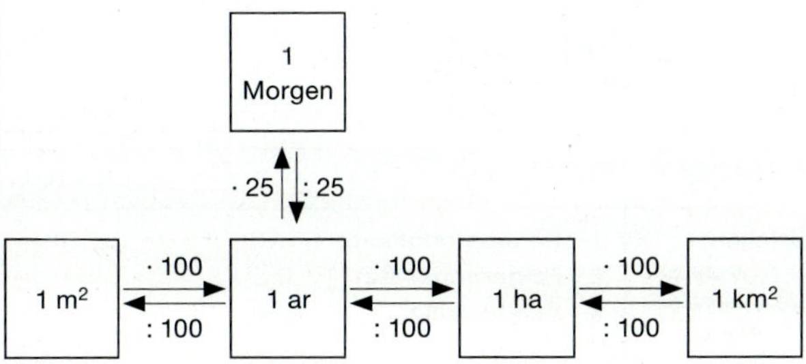

## Allgemeine Grundlagen

### Umrechnung von Einheiten

Volumeneinheiten

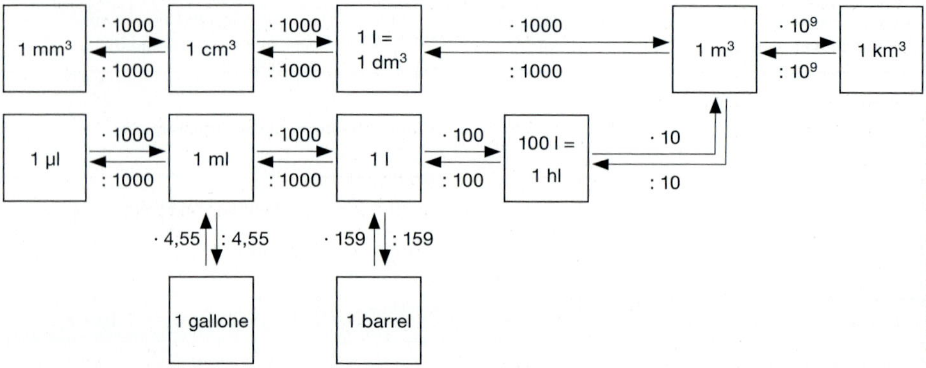


Masseeinheiten

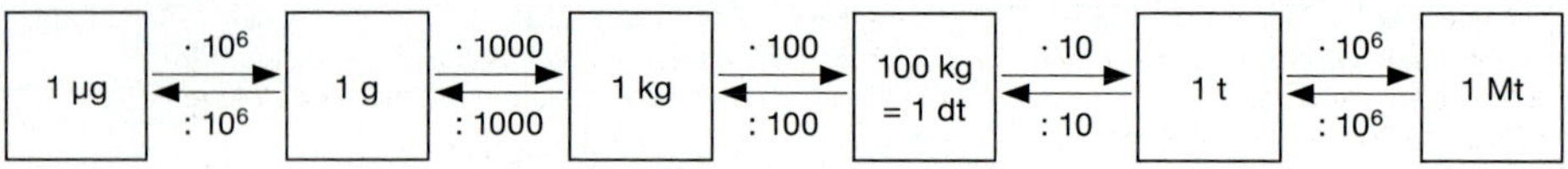


Krafteinheiten

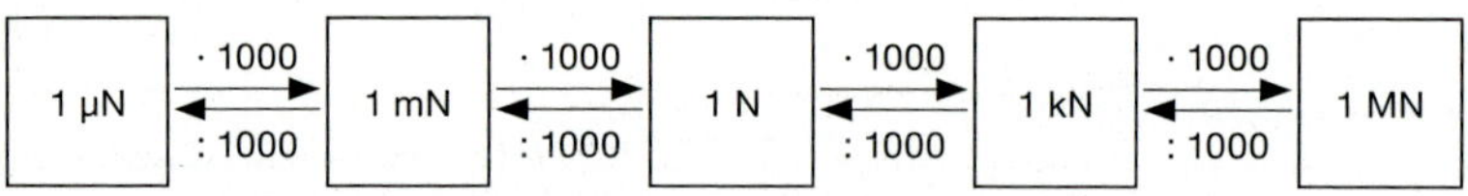


Druckeinheiten

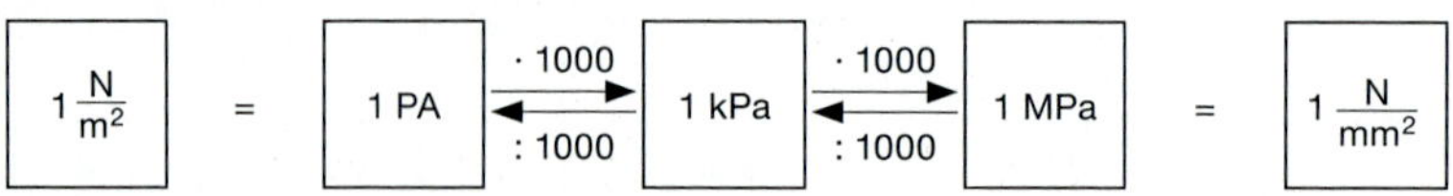


Zeiteinheiten

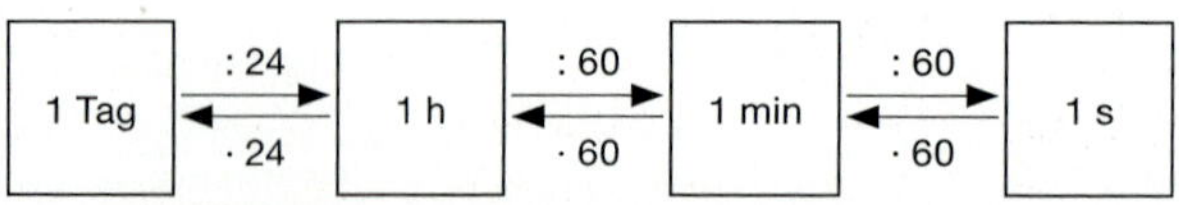


### Dreisatzrechnung

Die *Dreisatzrechnung* ist ein Rechenverfahren, mit dem Größen bestimmt werden, die zu anderen Größen in einem *direkten* oder *indirekten* Verhältnis stehen.

Dabei wird der Rechengang in *Sätzen* gegliedert.

1. **Behauptungssatz** (BS)
2. **Folgerungssatz** (FS)
3. **Schlusssatz** (SS)

## Allgemeine Grundlagen

### Dreisatzrechnung

**Einfacher, direkter Dreisatz**

Nimmt eine Größe zu, dann wächst auch die andere Größe.
Nimmt eine Größe ab, dann wird auch die andere Größe kleiner.

Die Größen sind *direkt proportional*.

*Beispiel 1: Die Größen nehmen zu*

12 Spiralbohrer kosten 60 Euro. Was kosten dann 30 Bohrer?

1. **BS** 12 Bohrer kosten 60 Euro
2. **FS** 1 Bohrer kostet $\frac{60\ \text{Euro}}{12}$
3. **SS** 30 Bohrer kosten $\frac{60\ \text{Euro} \cdot 30}{12} = \underline{150\ \text{Euro}}$

*Beispiel 2: Die Größen nehmen ab*

Eine Lackdose enthält bei einer Füllhöhe von 25 cm 5 l Lack.
Nach Arbeitsende ist sie noch 15 cm hoch gefüllt.
Wie viel Liter Lack wurden für die Arbeit verbraucht?

1. **BS** $25\ \text{cm} \mathrel{\hat{=}} 5\ \text{l}$
2. **FS** $1\ \text{cm} \mathrel{\hat{=}} \frac{5\ \text{l}}{25\ \text{cm}}$
3. **SS** $15\ \text{cm} \mathrel{\hat{=}} \frac{5\ \text{l} \cdot 10\ \text{cm}}{25\ \text{cm}} = \underline{2\ \text{l}}$

**Einfacher, indirekter Dreisatz**

Nimmt eine Größe zu, dann nimmt die andere Größe ab.
Wird eine Größe kleiner, dann nimmt die andere Größe zu.

Die Größen sind *indirekt* (umgekehrt) *proportional*.

*Beispiel 1: Die erste Größe nimmt zu*

5 Monteure benötigen für eine Arbeit 70 Stunden.
Wie viele Stunden würden dann 7 Monteure benötigen?

1. **BS** 5 Monteure benötigen 70 h
2. **FS** 1 Monteur benötigt $70\ \text{h} \cdot 5$
3. **SS** 7 Monteure benötigen $\frac{70\ \text{h} \cdot 5}{7} = \underline{50\ \text{h}}$

*Beispiel 2: Die erste Größe nimmt ab*

Für eine Baustelle, die in 12 Tagen eingerichtet und in Betrieb genommen werden soll, sind 10 Monteure vorgesehen.
Um wie viele Tage würde sich die Inbetriebnahme verzögern, wenn nur 6 Monteure zur Verfügung stehen?

1. **BS** 10 Monteure benötigen 12 Tage
2. **FS** 1 Monteur benötigt $12\ \text{Tage} \cdot 10$
3. **SS** 6 Monteure benötige $\frac{12\ \text{Tage} \cdot 10}{6} = \underline{20\ \text{Tage}}$

**Zusammengesetzter Dreisatz**

Es sind mehr als drei Größen gegeben. Deshalb sind mehrere Folge- und Schlusssätze erforderlich.

*Beispiel:*

Ein 4,0-$m^2$-Blech von 1,6 mm Dicke wiegt 18 kg.
Wie viel kg wiegt ein 1,5-$m^2$-Blech von 1,2 mm Dicke?

1. **BS** 4,0 $m^2$; 1,6 mm wiegen 18 kg
2. **FS 1** 1,0 $m^2$; 1,6 mm wiegen $\frac{18\ \text{kg}}{4}$
3. **FS 2** 1,0 $m^2$; 1,0 mm wiegen $\frac{18\ \text{kg}}{4 \cdot 1{,}6}$
4. **SS 1** 1,0 $m^2$; 1,2 mm wiegen $\frac{18\ \text{kg} \cdot 1{,}2}{4 \cdot 1{,}6}$
5. **SS 2** 1,5 $m^2$; 1,2 mm wiegen $\frac{18\ \text{kg} \cdot 1{,}2 \cdot 1{,}5}{4{,}0 \cdot 1{,}6} = \underline{5{,}1\ \text{kg}}$

# Allgemeine Grundlagen

## Prozentrechnung

Prozentrechnung ist eine Dreisatzrechnung, bei der alle Größen auf den *Grundwert 100* bezogen sind.

Grundformel:

$$W = \frac{G \cdot P}{100\ \%}$$

*W*: Prozentwert

*G*: Grundwert

*P*: Prozentsatz

*Beispiel 1: Prozentwert W gesucht*

Ein Facharbeiter erhält auf seinen Stundenlohn von 17,50 Euro eine Lohnerhöhung von 3 %.
Wie viel Euro sind das?

$$W = \frac{G \cdot P}{100\ \%} = \frac{17{,}50\ \text{Euro} \cdot 3\ \%}{100\ \%} = \underline{0{,}53\ \text{Euro}}$$

*Beispiel 2: Prozentsatz P gesucht*

Die Spannung eines Netzes sinkt von 230 V auf 215 V.
Wie viel Prozent sind das?

$$P = \frac{W \cdot 100\ \%}{G} = \frac{15\ \text{V} \cdot 100\ \%}{230\ \text{V}} = \underline{6{,}5\ \%}$$

*Beispiel 3: Grundwert G gesucht*

Der Verkaufspreis einer Bohrmaschine wird um 15 %, das sind 35 Euro, die gegenüber dem Listenpreis gesenkt wurden.
Wie groß ist der Listenpreis?

$$G = \frac{W \cdot 100\ \%}{P} = \frac{35\ \text{Euro} \cdot 100\ \%}{15\ \%} = \underline{233\ \text{Euro}}$$

## Potenzrechnung

Ein Produkt gleicher Faktoren kann als Potenz geschrieben werden.

Eine *Potenz* besteht aus

- *Basis*
- *Exponent*
- *Potenzwert*

$4^2 = 16$

Basis 4, Exponent 2, Potenzwert 16

$a \cdot a \cdot a = a^3$

$4 \cdot 4 \cdot 4 \cdot 4 = 4^4$

$10 \cdot 10 \cdot 10 = 10^3$

| Ziffernschreibweise im Dezimalsystem | Potenzschreibweise | Zahl gesprochen | Vorsilbe – ihre Abkürzung in Verbindung mit Einheiten (DIN 1301) |
|---|---|---|---|
| 0,000 000 000 001 | $10^{-12}$ | Billionstel | Pico- (p) |
| 0,000 000 001 | $10^{-9}$ | Milliardstel | Nano- (n) |
| 0,000 001 | $10^{-6}$ | Millionstel | Mikro- (µ) |
| 0,001 | $10^{-3}$ | Tausendstel | Milli- (m) |
| 0,01 | $10^{-2}$ | Hundertstel | Zenti- (c) |
| 0,1 | $10^{-1}$ | Zehntel | Dezi- (d) |
| 1 | $10^{0}$ | (Ausgangs)-Eins | |
| 10 | $10^{1}$ | Zehn | Deka- (da) |
| 100 | $10^{2}$ | Hundert | Hekto- (h) |
| 1000 | $10^{3}$ | Tausend (Tsd) | Kilo- (k) |
| 1 000 000 | $10^{6}$ | Million (Mio) | Mega- (M) |
| 1 000 000 000 | $10^{9}$ | Milliarde (Mrd) | Giga- (G) |
| 1 000 000 000 000 | $10^{12}$ | Billion (Bio) | Tera- (T) |

## Formelumstellung

1. Die gesuchte Größe steht in einer Summengleichung.
   - Seiten vertauschen.
   - Nicht gesuchte Glieder mit verändertem Vorzeichen auf die rechte Seite bringen.

$U = U_0 - I \cdot R$

$U_0 - I \cdot R = U$

$U_0 = U + I \cdot R$

$$\frac{1}{R_E} = \frac{1}{R_1} + \frac{1}{R_2} + \frac{1}{R_3}$$

$$\frac{1}{R_1} + \frac{1}{R_2} + \frac{1}{R_3} = \frac{1}{R_E}$$

$$\frac{1}{R_2} = \frac{1}{R_E} - \frac{1}{R_1} - \frac{1}{R_2}$$

| **Allgemeine Grundlagen** | | |
|---|---|---|
| **Formelumstellung** | | |
| 2. Die gesuchte Größe steht in einer Faktorengleichung.<br>• Seiten vertauschen.<br>• Nicht gesuchte Glieder auf die rechte Seite unter den Bruchstrich bringen. | $P = U \cdot I \cdot t$<br>$U \cdot I \cdot t = P$<br>$I = \frac{P}{U \cdot t}$ | $X_L = 2\pi \cdot f \cdot L$<br>$2\pi \cdot f \cdot L = X_L$<br>$f = \frac{X_L}{2\pi \cdot L}$ |
| 3. Die gesuchte Größe steht in einer Quotientengleichung auf dem Bruchstrich.<br>• Seiten vertauschen.<br>• Nicht gesuchte Glieder auf die rechte Seite bringen.<br>Was links auf dem Bruchstrich steht, kommt rechts unter den Bruchstrich.<br>Was links unter dem Bruchstrich steht, kommt rechts auf den Bruchstrich. | $R = \frac{\varrho \cdot l}{A}$<br>$\frac{\varrho \cdot l}{A} = R$<br>$l = \frac{R \cdot A}{\varrho}$ | $P = \frac{F \cdot s}{t}$<br>$\frac{F \cdot s}{t} = P$<br>$F = \frac{P \cdot t}{s}$ |
| 4. Die gesuchte Größe steht in einer Quotientengleichung unter dem Bruchstrich.<br>• Seiten vertauschen.<br>• Seiten umkehren.<br>• Nicht gesuchte Glieder auf die rechte Seite bringen (wie bei 3.) | $R = \frac{l}{\gamma \cdot A}$<br>$\frac{l}{\gamma \cdot A} = R$<br>$\frac{\gamma \cdot A}{l} = \frac{1}{R}$<br>$A = \frac{l}{\gamma \cdot R}$ | $X_C = \frac{1}{\omega \cdot C}$<br>$\frac{1}{\omega \cdot C} = X_C$<br>$\frac{\omega \cdot C}{1} = \frac{1}{X_C}$<br>$C = \frac{1}{\omega \cdot X_C}$ |
| 5. Die gesuchte Größe steht als Potenz in einer Gleichung.<br>• Seiten vertauschen.<br>• Nicht gesuchte Glieder auf die rechte Seite bringen.<br>• Auf beiden Seiten die Wurzel ziehen. Auf der linken Seite heben sich Wurzel und Exponent auf. | $P = I^2 \cdot R$<br>$I^2 \cdot R = P$<br>$I^2 = \frac{P}{R}$<br>$I = \sqrt{\frac{P}{R}}$ | $P = \frac{U^2}{R}$<br>$\frac{U^2}{R} = P$<br>$U^2 = P \cdot R$<br>$U = \sqrt{P \cdot R}$ |
| 6. Die gesuchte Größe steht als Wurzel in einer Gleichung.<br>• Seiten vertauschen.<br>• Beide Seiten quadrieren. Auf der linken Seite heben sich Wurzel und Exponent auf.<br>• Nicht gesuchte Größe auf die rechte Seite bringen.<br>• Auf beiden Seiten die Wurzel ziehen. | $I = \sqrt{A}$<br>$\sqrt{A} = I$<br>$A = I^2$ | $Z = \sqrt{R^2 + X_L{}^2}$<br>$\sqrt{R^2 + X_L{}^2} = Z$<br>$R^2 + X_L{}^2 = Z^2$<br>$R^2 = Z^2 - X_L{}^2$<br>$R = \sqrt{Z^2 - X_L{}^2}$ |

# Flächenberechnung

## Quadrat

$$A = a^2 \qquad a = \sqrt{A}$$

$$A = \frac{d^2}{2}$$

$$U = 4 \cdot a$$

$$d = \sqrt{2} \cdot a$$

$$d = \sqrt{2 \cdot A}$$

| | | |
|---|---|---|
| $A$ | Flächeninhalt | $m^2$ |
| $a$ | Seitenlänge | m |
| $d$ | Diagonale | m |
| $U$ | Umfang | m |

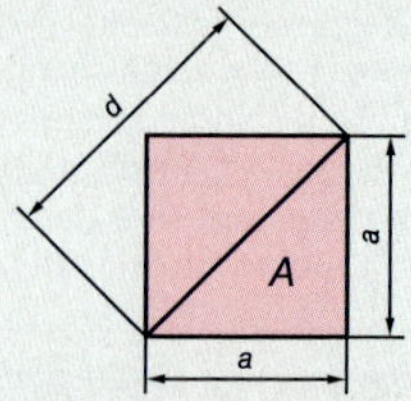


## Raute

$$A = l \cdot b$$

$$l = \frac{A}{b} \qquad b = \frac{A}{l}$$

$$A = l^2 \cdot \sin\alpha$$

$$l = \sqrt{\frac{A}{\sin\alpha}}$$

$$U = 4 \cdot l$$

| | | |
|---|---|---|
| $A$ | Flächeninhalt | $m^2$ |
| $l$ | Seitenlänge | m |
| $b$ | Breite | m |
| $\alpha$ | Winkel | Grad |
| $U$ | Umfang | m |

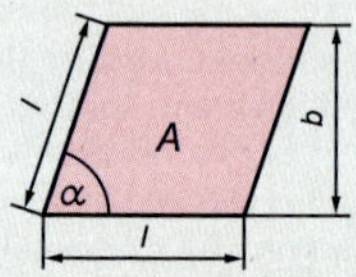


## Rechteck

$$A = a \cdot b$$

$$a = \frac{A}{b} \qquad b = \frac{A}{a}$$

$$U = 2a + 2b = 2 \cdot (a + b)$$

$$d = \sqrt{a^2 + b^2}$$

$$a = \sqrt{d^2 - b^2}$$

$$b = \sqrt{d^2 - a^2}$$

$$a = \frac{U}{2} - b \qquad b = \frac{U}{2} - a$$

| | | |
|---|---|---|
| $A$ | Flächeninhalt | $m^2$ |
| $a$, $b$ | Seitenlänge | m |
| $d$ | Diagonale | m |
| $U$ | Umfang | m |

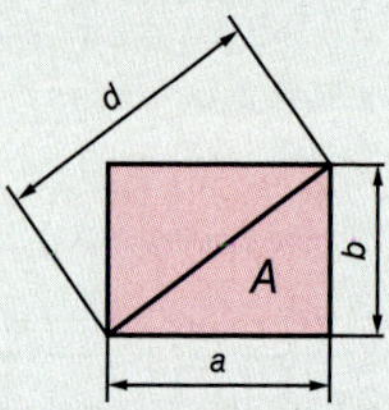


## Parallelogramm

$$A = l_1 \cdot b = l_1 \cdot l_2 \cdot \sin\alpha$$

$$l_1 = \frac{A}{b} \qquad b = \frac{A}{l_1}$$

$$l_1 = \frac{A}{l_2 \sin\alpha} \qquad l_2 = \frac{A}{l_1 \cdot \sin\alpha}$$

$$U = 2 \cdot (l_1 + l_2)$$

$$b = l_2 \cdot \sin\alpha$$

| | | |
|---|---|---|
| $A$ | Flächeninhalt | $m^2$ |
| $l_1$, $l_2$ | Seitenlänge | m |
| $b$ | Höhe | m |
| $\alpha$ | Winkel | Grad |
| $U$ | Umfang | m |

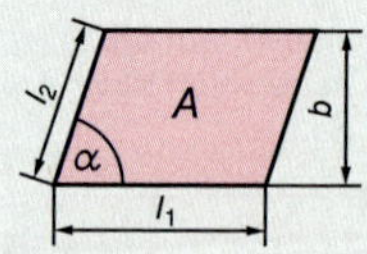


## Dreieck, stumpfwinklig

$$A = \frac{l \cdot h}{2}$$

$$l = \frac{2 \cdot A}{h} \qquad h = \frac{2 \cdot A}{l}$$

| | | |
|---|---|---|
| $A$ | Flächeninhalt | $m^2$ |
| $l$ | Grundseite | m |
| $h$ | Höhe | m |

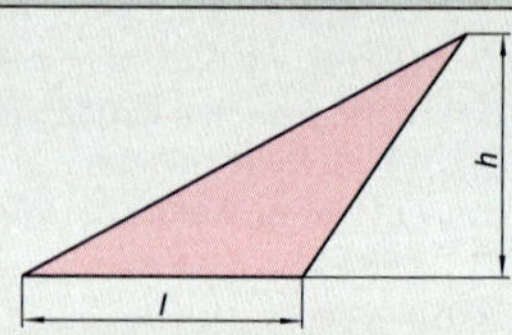

# Flächenberechnung

## Dreieck, spitzwinklig

$$A = \frac{l \cdot h}{2}$$

$l = \frac{2 \cdot A}{h}$ $\qquad$ $h = \frac{2 \cdot A}{l}$

| | | |
|---|---|---|
| $A$ | Flächeninhalt | $m^2$ |
| $l$ | Grundseite | m |
| $h$ | Höhe | m |

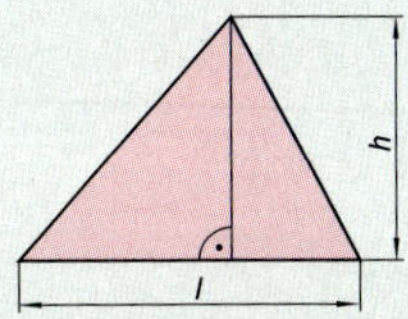


## Dreieck, gleichschenklig ($\alpha = \beta$)

$$A = \frac{l \cdot h}{2}$$

$l_1 = \frac{l}{2} \cdot \sin\frac{\gamma}{2}$

$h = \sqrt{{l_1}^2 - \frac{l^2}{4}}$

$U = l + 2 \cdot l_1$

| | | |
|---|---|---|
| $A$ | Flächeninhalt | $m^2$ |
| $l$ | Grundseite | m |
| $l_1$ | Schenkellänge | m |
| $\gamma$ | Spitzenwinkel | Grad |
| $h$ | Höhe | m |
| $U$ | Umfang | m |

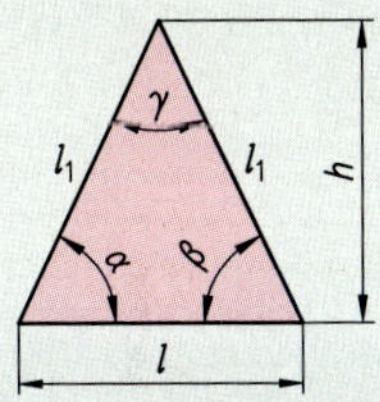


## Dreieck, gleichseitig ($\alpha = \beta = \gamma$)

$$A = \frac{l^2}{4} \cdot \sqrt{3} \approx 0{,}433 \cdot l^2$$

$h = \frac{l}{2} \cdot \sqrt{3} \approx 0{,}866 \cdot l$

$U = 3 \cdot l$

$D = \frac{2}{3} \cdot \sqrt{3} \cdot l = 2 \cdot d$

$d = \frac{1}{3} \cdot \sqrt{3} \cdot l = \frac{D}{2}$

| | | |
|---|---|---|
| $A$ | Flächeninhalt | $m^2$ |
| $l$ | Grundseite | m |
| $d$ | Innenkreis-durchmesser | m |
| $D$ | Umkreis-durchmesser | m |
| $h$ | Höhe | m |

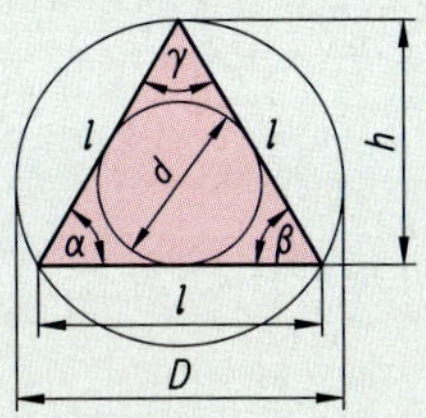


## Trapez

$$l_m = \frac{l_1 + l_2}{2}$$

$l_1 = 2 \cdot l_m - l_2$

$l_2 = 2 \cdot l_m - l_1$

$A = \frac{l_1 + l_2}{2} \cdot b$

$A = l_m \cdot b$

$U = l_1 + l_2 + l_3 + l_4$

| | | |
|---|---|---|
| $A$ | Flächeninhalt | $m^2$ |
| $l_1$ | große Seitenlänge | m |
| $l_2$ | kleine Seitenlänge | m |
| $l_m$ | mittlere Seitenlänge | m |
| $b$ | Breite | m |

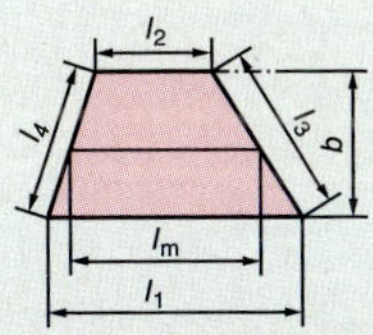


## Dreieck

$$A = \frac{l \cdot h}{2}$$

$l = \frac{2 \cdot A}{h}$ $\qquad$ $h = \frac{2 \cdot A}{l}$

$A = \frac{a \cdot b \cdot \sin\gamma}{2}$

$\alpha + \beta + \gamma = 180°$

| | | |
|---|---|---|
| $A$ | Flächeninhalt | $m^2$ |
| $l$ | Grundseite | m |
| $h$ | Höhe | m |
| $a, b, l$ | Seitenlängen | m |
| $\alpha, \beta, \gamma$ | Winkel | Grad |

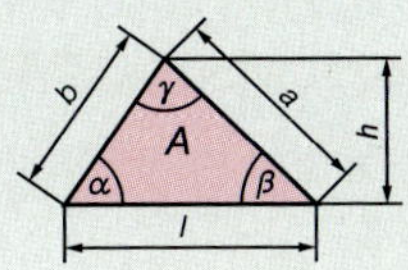

# Flächenberechnung

## Vieleck, regelmäßig

$$A = \frac{d \cdot l \cdot n}{4}$$

$$d = \frac{4 \cdot A}{l \cdot n} \quad l = \frac{4 \cdot A}{d \cdot n}$$

$$l = D \cdot \sin\left(\frac{180°}{n}\right)$$

$$A = \frac{l \cdot b}{2} \cdot n$$

$$d = \sqrt{D^2 - l^2} \qquad D = \sqrt{d^2 + l^2}$$

$$\alpha = \frac{360°}{n}$$

$$\beta = 180° - \alpha = \frac{(n-2) \cdot 180°}{n}$$

$$U = l \cdot n$$

| | | |
|---|---|---|
| $A$ | Flächeninhalt | $m^2$ |
| $d$ | Innendurchmesser | m |
| $D$ | Außendurchmesser | m |
| $l$ | Seitenlänge | m |
| $n$ | Anzahl der Ecken | – |
| $\alpha$ | Mittelpunktswinkel | Grad |
| $\beta$ | Eckenwinkel | Grad |

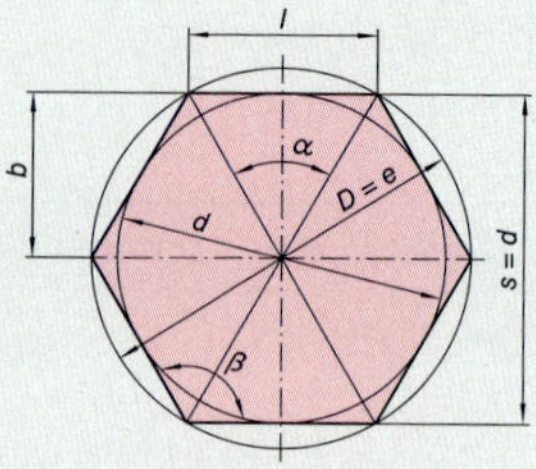


## Vieleck, unregelmäßig

$$A = A_1 + A_2 + A_3 + \ldots + A_n$$

$$A = \frac{l_1 \cdot h_1}{2} + \frac{l_2 \cdot h_2}{2} + \frac{l_3 \cdot h_3}{2} + \ldots$$

$$A = \frac{1}{2} \cdot (l_1 \cdot h_1 + l_2 \cdot h_2 + l_3 \cdot h_3 + \ldots)$$

| | | |
|---|---|---|
| $A$ | Flächeninhalt | $m^2$ |
| $l$ | Seitenlänge | m |
| $h$ | Höhe | m |

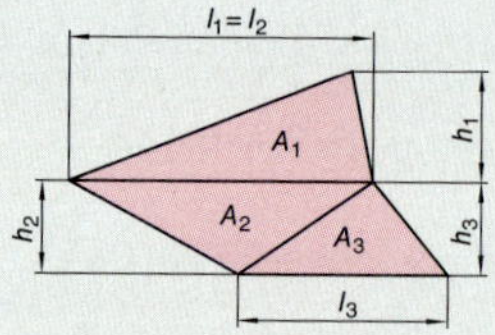


## Verschnitt

*Abschlagberechnung*

$$A_{Ges} = 100\ \%$$

$$A_V = A_{Ges} - A_F$$

$$A_{V\,\%} = \frac{A_{Ges} - A_F}{A_{Ges}} \cdot 100\ \%$$

*Zuschlag*

$$A_F = 100\ \%$$

$$A_{Ges} = A_F + A_{V\,Ges}$$

$$A_{V\,\%} = \frac{A_F + A_{V\,Ges}}{A_F} \cdot 100\ \%$$

| | | |
|---|---|---|
| $A_S$ | Blechbedarf | $m^2$ |
| $A_F$ | Werkstückfläche (Fertigteil) | $m^2$ |
| $A_V$ | Verschnitt | $m^2$ |
| $A_{V\,Ges}$ | Summe der Verschnittteilflächen | $m^2$ |
| $A_{V\,\%}$ | Verschnitt | % |

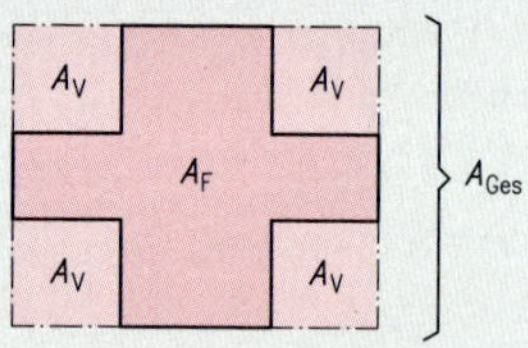


## Zusammengesetzte Fläche

$$A = A_1 - A_2 - A_3$$

$$A_1 = l \cdot b$$

$$A_2 = a^2$$

$$A_3 = \frac{\pi \cdot b^2}{8}$$

s. Zeichnung

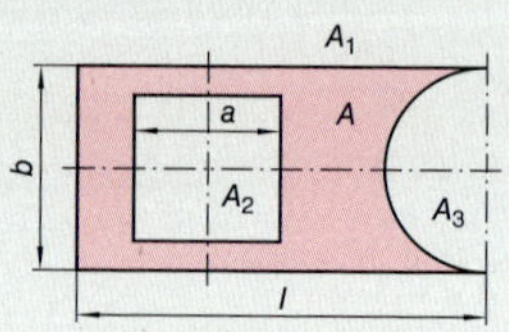

# Flächenberechnung

## Kreis

$$A = \frac{d^2 \cdot \pi}{4} = d^2 \cdot 0{,}785 = \frac{U}{2} \cdot \pi$$

$d = \sqrt{\frac{4 \cdot A}{\pi}}$

$A = \pi \cdot r^2 \quad r = \sqrt{\frac{A}{\pi}}$

$U = \pi \cdot d \quad d = \frac{U}{\pi}$

$U = 2 \cdot \sqrt{\pi \cdot A}$

| | | |
|---|---|---|
| $A$ | Flächeninhalt | $m^2$ |
| $d$ | Durchmesser | m |
| $r$ | Radius | m |
| $U$ | Umfang | m |

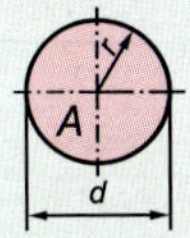


## Kreisring

$$D = \sqrt{\frac{4 \cdot A}{\pi} + d^2}$$

$$d = \sqrt{D^2 - \frac{4 \cdot A}{\pi}}$$

$d_m = \frac{d + D}{2} \qquad d_m = d + b$

$d_m = D - b \qquad b = \frac{D - d}{2}$

$L = \pi \cdot d_m$ (gestreckte Länge)

$A = \frac{\pi}{4} \cdot (D^2 - d^2) = \pi \cdot d_m \cdot b$

| | | |
|---|---|---|
| $A$ | Flächeninhalt | $m^2$ |
| $D$ | Außendurchmesser | m |
| $d$ | Innendurchmesser | m |
| $d_m$ | mittlerer Durchmesser | m |
| $b$ | Wandstärke | m |
| $L$ | gestreckte Länge | m |

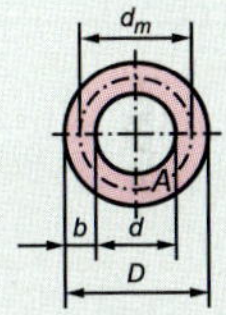


## Kreisbogen

$$l_b = \frac{\pi \cdot d \cdot \alpha}{360°} = \frac{\pi \cdot r \cdot \alpha}{180°}$$

$d = \frac{l_b \cdot 360°}{\pi \cdot \alpha}$

$\alpha = \frac{l_b \cdot 360°}{\pi \cdot d}$

| | | |
|---|---|---|
| $l_b$ | Bogenlänge | m |
| $d$ | Durchmesser | m |
| $\alpha$ | Winkel | Grad |
| $r$ | Radius | m |

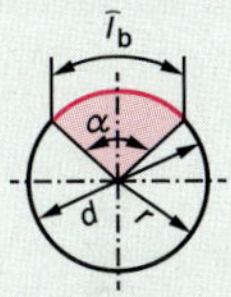


## Kreisausschnitt

$$A = \frac{\pi \cdot d^2}{4} \cdot \frac{\alpha}{360°} = \pi \cdot r^2 \cdot \frac{\alpha}{360°}$$

$\alpha = \frac{4 \cdot A}{\pi \cdot d^2} \cdot 360°$

$d = \sqrt{\frac{4 \cdot a}{\pi} \cdot \frac{360°}{\alpha}}$

$r = \sqrt{\frac{A}{\pi} \cdot \frac{360°}{\alpha}} = \frac{s}{2 \cdot \sin \frac{\alpha}{2}}$

$\widehat{l} = d \cdot \pi \cdot \frac{\alpha}{360°} = 2 \cdot \pi \cdot r \cdot \frac{\alpha}{360°}$

$A = \frac{\widehat{l} \cdot r}{2} \qquad \widehat{l} = \frac{2 \cdot A}{r}$

$s = 2 \cdot r \cdot \sin \frac{\alpha}{2}$

| | | |
|---|---|---|
| $A$ | Flächeninhalt | $m^2$ |
| $d$ | Durchmesser | m |
| $r$ | Radius | m |
| $\alpha$ | Winkel | Grad |
| $\widehat{l}$ | Bogenlänge | m |
| $s$ | Sehnenlänge | m |

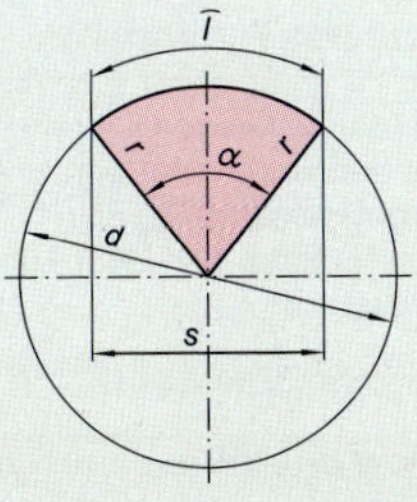

# Flächenberechnung

## Kreisringausschnitt

$$A = \frac{\pi}{4} \cdot (D^2 - d^2) \cdot \frac{\alpha}{360°}$$

$$d_m = \frac{d + D}{2}$$

$$D = \sqrt{d^2 + \frac{4 \cdot A \cdot 360°}{\pi \cdot \alpha}}$$

$$d = \sqrt{D^2 - \frac{4 \cdot A \cdot 360°}{\pi \cdot \alpha}}$$

$$\alpha = \frac{4 \cdot A \cdot 360°}{\pi \cdot (D^2 - d^2)}$$

$$b = \frac{D - d}{2}$$

| | | |
|---|---|---|
| $A$ | Flächeninhalt | $m^2$ |
| $D$ | Außendurchmesser | m |
| $d$ | Innendurchmesser | m |
| $\alpha$ | Winkel | Grad |
| $b$ | Wandstärke | m |
| $d_m$ | mittlerer Durchmesser | m |

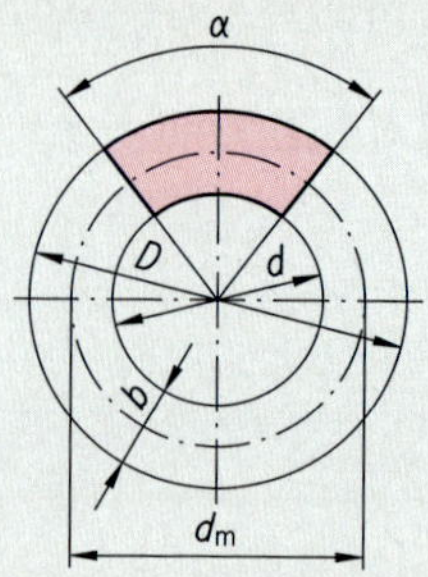


## Kreisabschnitt

$$A = \frac{r \cdot \widehat{l} - s\,(r - h)}{2}$$

$$A \approx \frac{2}{3} \cdot s \cdot h$$

$$A = d^2 \cdot \frac{\pi}{4} \cdot \frac{\alpha}{360°} - \frac{s \cdot (r - h)}{2}$$

$$d = \sqrt{\frac{A + \frac{s \cdot (r - h)}{2}}{\frac{\pi}{4} \cdot \frac{\alpha}{360°}}}$$

$$\alpha = \frac{A + \frac{s \cdot (r - h)}{2}}{d^2 \cdot \frac{\pi}{4} \cdot \frac{1}{360°}}$$

$$s = \frac{d^2 \cdot \frac{\pi}{4} \cdot \frac{\alpha}{360°} - A}{\frac{1}{2} \cdot (r - h)}$$

$$r = 2 \cdot \left( \frac{d^2 \cdot \frac{\pi}{4} \cdot \frac{\alpha}{360°} - A}{s} + \frac{1}{2} \cdot h \right)$$

$$A = \pi \cdot r^2 \cdot \frac{\alpha}{360°} - \frac{s \cdot (r - h)}{2}$$

| | | |
|---|---|---|
| $A$ | Flächeninhalt | $m^2$ |
| $r$ | Radius | m |
| $\widehat{l}$ | Bogenlänge | m |
| $s$ | Sehnenlänge | m |
| $h$ | Bogenhöhe | m |
| $\alpha$ | Winkel | Grad |
| $d$ | Innendurchmesser | m |

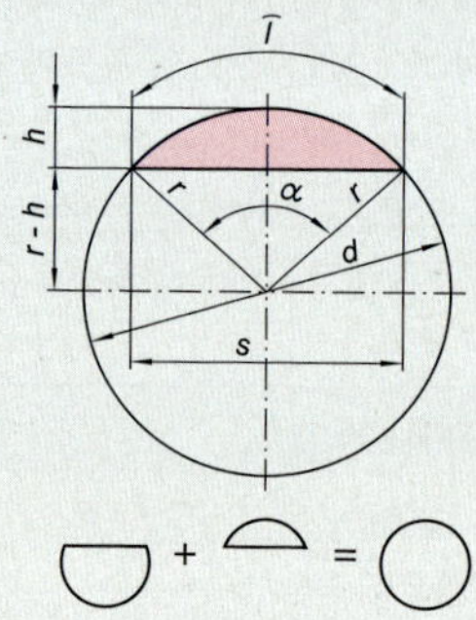


$$s = d \cdot \sin \frac{\alpha}{2} = 2 \cdot \sqrt{h \cdot (2r - h)}$$

$$h = r \cdot \left(1 - \cos \frac{\alpha}{2}\right) = r - \sqrt{r^2 - \frac{s^2}{4}}$$

$$h = r + \left(A - \frac{d^2 \cdot \pi}{4} \cdot \frac{\alpha}{360°}\right) \cdot \frac{2}{s}$$

$$\widehat{l} = d \cdot \pi \cdot \frac{\alpha}{360°} \qquad \alpha = \frac{\widehat{l} \cdot 360°}{d \cdot \pi} \qquad d = \frac{\widehat{l} \cdot 360°}{\pi \cdot \alpha}$$

## Satz des Pythagoras

Im *rechtwinkligen* Dreieck ist die Summe der Kathetenquadrate gleich dem Hypotenusenquadrat.
Die Katheten schließen den rechten Winkel ein.

$$c^2 = a^2 + b^2$$

$$c = \sqrt{a^2 + b^2}$$

$$a = \sqrt{c^2 - b^2}$$

$$b = \sqrt{c^2 - a^2}$$

| | |
|---|---|
| $a, b$ | Katheten |
| $c$ | Hypotenuse |

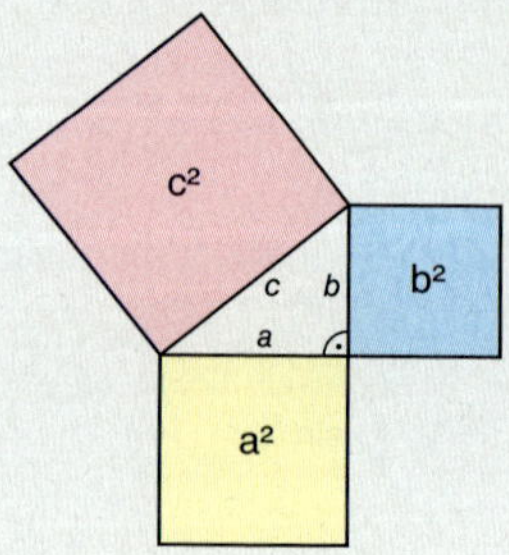

# Rechtwinkliges Dreieck

## Winkelfunktionen

Die Winkelfunktionen gelten nur im *rechtwinkligen* Dreieck.

$$\sin \alpha = \frac{\text{Gegenkathete}}{\text{Hypotenuse}}$$

$$\cos \alpha = \frac{\text{Ankathete}}{\text{Hypotenuse}}$$

$$\tan \alpha = \frac{\text{Gegenkathete}}{\text{Ankathete}}$$

$$\cot \alpha = \frac{\text{Ankathete}}{\text{Gegenkathete}}$$

| | |
|---|---|
| Hypotenuse | längste Dreieck-seite |
| Gegenkathete | liegt dem Winkel gegenüber |
| Ankathete | liegt am Winkel an |

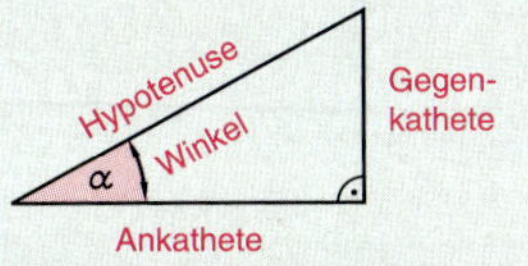


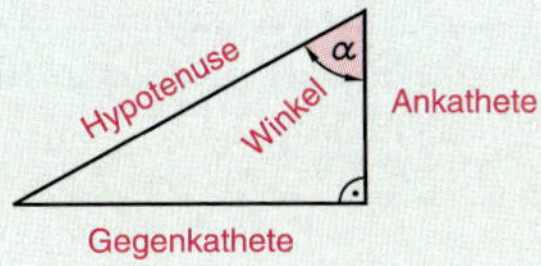


Bezogen auf den Winkel $\alpha$

$\sin \alpha = \frac{a}{c}$ $\cos \alpha = \frac{b}{c}$

$a = c \cdot \sin \alpha$ $b = c \cdot \cos \alpha$

$c = \frac{a}{\sin \alpha}$ $c = \frac{b}{\cos \alpha}$

$\tan \alpha = \frac{a}{b}$ $\cot \alpha = \frac{b}{a}$

$a = b \cdot \tan \alpha$ $b = a \cdot \cot \alpha$

$b = \frac{a}{\tan \alpha}$ $a = \frac{b}{\cot \alpha}$

| | |
|---|---|
| $a$ | Gegenkathete |
| $b$ | Ankathete |
| $c$ | Hypotenuse |
| $\alpha, \beta$ | Winkel |

Bezogen auf den Winkel $\beta$

$\sin \beta = \frac{b}{c}$ $\cos \beta = \frac{a}{c}$

$\tan \beta = \frac{b}{a}$ $\cot \beta = \frac{a}{b}$

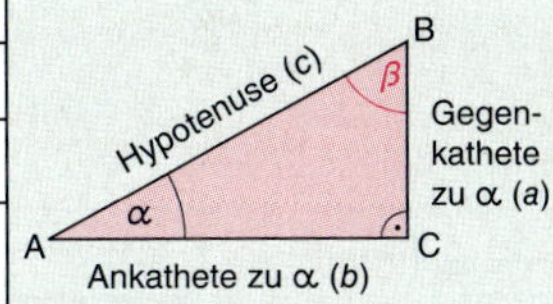


## Winkelsumme

$$\alpha + \beta + \gamma = 180°$$

| | | |
|---|---|---|
| $\alpha, \beta, \gamma$ | Winkel im Dreieck | Grad |

## Sinussatz

$$a : b : c = \sin \alpha : \sin \beta : \sin \gamma$$

$\frac{a}{b} = \frac{\sin \alpha}{\sin \beta}$ $\frac{b}{c} = \frac{\sin \beta}{\sin \gamma}$ $\frac{a}{c} = \frac{\sin \alpha}{\sin \gamma}$

$\frac{a}{\sin \alpha} = \frac{b}{\sin \beta} = \frac{c}{\sin \gamma}$

| | | |
|---|---|---|
| $\alpha, \beta, \gamma$ | Winkel im Dreieck | Grad |
| a, b, c | Dreieckseiten | |

## Cosinussatz

$$a^2 = b^2 + c^2 - 2 \cdot b \cdot c \cdot \cos \alpha$$
$$b^2 = a^2 + c^2 - 2 \cdot a \cdot c \cdot \cos \beta$$
$$c^2 = a^2 + b^2 - 2 \cdot a \cdot b \cdot \cos \gamma$$

$\cos \alpha = \frac{b^2 + c^2 - a^2}{2 \cdot b \cdot c}$

$\cos \beta = \frac{a^2 + c^2 - b^2}{2 \cdot a \cdot c}$

$\cos \gamma = \frac{a^2 + b^2 - c^2}{2 \cdot a \cdot b}$

| | | |
|---|---|---|
| $\alpha, \beta, \gamma$ | Winkel im Dreieck | Grad |
| a, b, c | Dreieckseiten | |

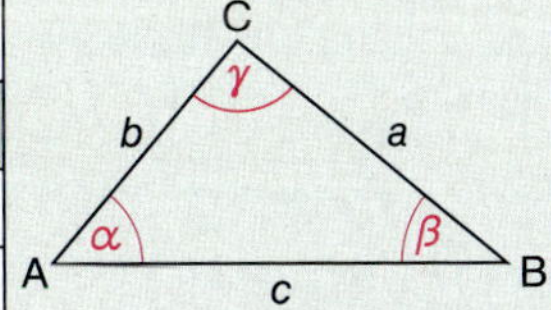

# Rechtwinkliges Dreieck

## Höhensatz

$h^2 = p \cdot q$ $\qquad h = \sqrt{p \cdot q}$

$q = \frac{h^2}{p}$ $\qquad p = \frac{h^2}{q}$

| | | |
|---|---|---|
| $h$ | Höhe | m |
| $p$, $q$ | Hypotenusen-abschnitte | m |

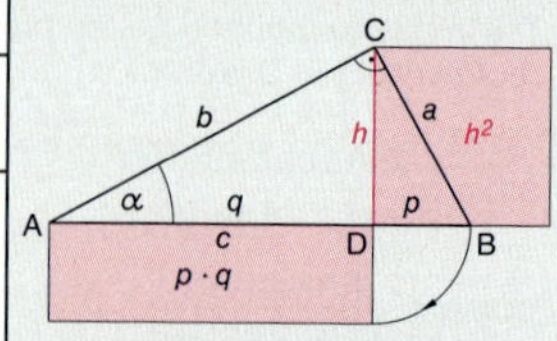


## Kathetensatz, Lehrsatz des Euklid

$a^2 = c \cdot p$ $\qquad b^2 = c \cdot q$

$a = \sqrt{c \cdot p}$ $\qquad b = \sqrt{c \cdot q}$

$c = \frac{a^2}{p}$ $\qquad c = \frac{b^2}{q}$

$q = \frac{b^2}{c}$ $\qquad p = \frac{a^2}{c}$

| | | |
|---|---|---|
| $a$, $b$ | Katheten | m |
| $c$ | Hypotenuse | m |
| $p$, $q$ | Hypotenusen-abschnitte | m |

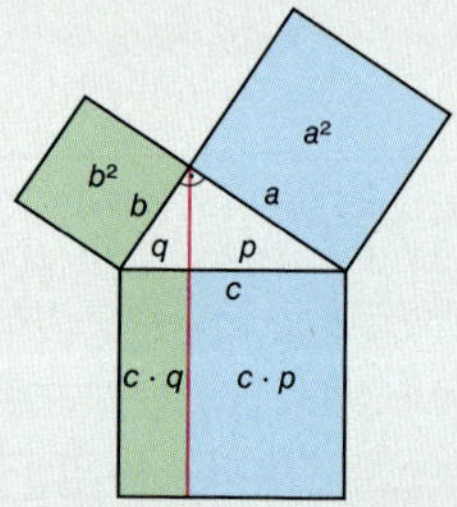


## Strahlensatz

$\frac{a}{b} = \frac{c}{d}$

$a = \frac{c \cdot b}{d}$ $\qquad b = \frac{a \cdot d}{c}$

$c = \frac{a \cdot d}{b}$ $\qquad d = \frac{c \cdot b}{a}$

$\frac{a}{a + b} = \frac{e}{f}$

$a = \frac{e \cdot (a + b)}{f}$ $\qquad a + b = \frac{a \cdot f}{e}$

$e = \frac{a \cdot f}{a + b}$ $\qquad f = \frac{e \cdot (a + b)}{a}$

Wenn zwei von einem Punkt ausgehende Strahlen von Parallelen geschnitten werden, so bestehen zwischen Parallelabschnitten und Strahlenabschnitten gleiche Verhältnisse.

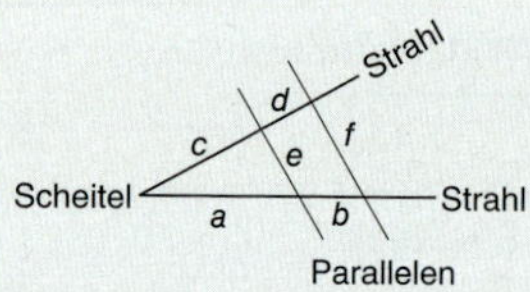


## Steigung, Neigung

$\tan \alpha = \frac{1}{y} = \frac{h}{l}$

$y = \frac{l}{h}$ $\qquad h = \frac{l}{y}$ $\qquad l = y \cdot h$

$x = \tan \alpha \cdot 100\ \%$

$\tan \alpha = \frac{x}{100\ \%}$

$x = \frac{h}{l} \cdot 100\ \%$ $\qquad l = \frac{h}{x} \cdot 100\ \%$

$h = \frac{x \cdot l}{100\ \%}$

| | | |
|---|---|---|
| $\alpha$ | Steigungs-/ Neigungswinkel | Grad |
| $\frac{1}{y}$ | Steigungs-/ Neigungsverhältnis | $\frac{1}{m}$ |
| $h$ | Höhe | m |
| $l$ | Länge der Waagerechten | m |
| $x$ | Steigung | % |
| $y$ | Länge der Waagerechten bei $h = 1$ | m |

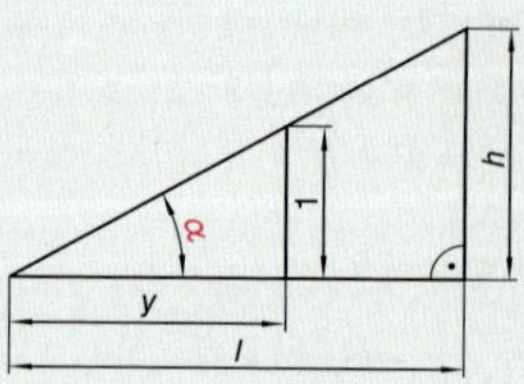

# Teilungen, Längen

## Teilungen

*Endabstand durch Teilung P*

$$l = z \cdot P \qquad z = n + 1 \qquad l = (n+1) \cdot P$$

$$P = \frac{l}{n+1} \qquad n = \frac{l}{P} - 1$$

*Endabstand ungleich ($l_1 \neq l_2 \neq P$)*

$$l = z \cdot P + l_1 + l_2 \qquad z = n - 1$$

$$l = (n-1) \cdot P + l_1 + l_2$$

$$P = \frac{l - (l_1 + l_2)}{n - 1} \qquad n = \frac{l - (l_1 + l_2)}{P} + 1$$

$$l_1 = l - l_2 - P \cdot (n-1)$$

$$l_2 = l - l_1 - P \cdot (n-1)$$

| | | |
|---|---|---|
| $l$ | Werkstücklänge | m |
| $l_1, l_2$ | Endabstände | m |
| $P$ | Teilung | m |
| $z$ | Anzahl der Teilungen | |
| $n$ | Anzahl der Bohrungen | |

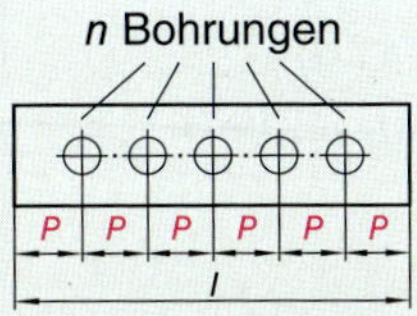


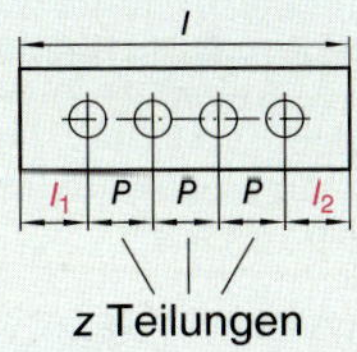


## Gestreckte Länge

$$l = \pi \cdot d_m$$

$$d_m = \frac{l}{\pi}$$

$$\widehat{l_1} = d_m \cdot \pi \cdot \frac{\alpha}{360°}$$

$$d_m = \frac{\widehat{l_1} \cdot 360°}{\pi \cdot \alpha}$$

$$\alpha = \frac{\widehat{l_1} \cdot 360°}{\pi \cdot d_m}$$

$$L = \widehat{l} + l_2$$

| | | |
|---|---|---|
| $\widehat{l}$ | gestreckte Länge | m |
| $d_m$ | Durchmesser neutrale Faser | m |
| $\alpha$ | Biegewinkel | Grad |
| $l_1, l_2$ | Teillängen | m |
| $L$ | Werkstücklänge | m |

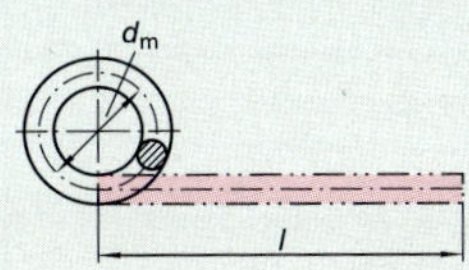


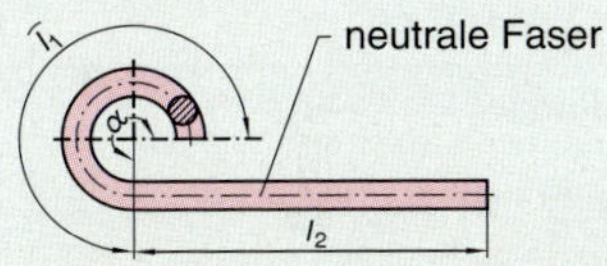


## Teilungen von Längen

mit Berücksichtigung der Werkstückdicke

$$t_{max} = l_{i\,max} + s$$

$$L = l_{i\,R} + s_P$$

$$L_a = L + s_P$$

$$z = \frac{L}{t_{max}} = \frac{l_{i\,R} + s_P}{l_{i\,max} + s}$$

$$n = z - 1$$

$$l_i = \frac{l_{i\,R} - n \cdot s}{z}$$

$$l_i = \frac{L_a - (2 \cdot s_P + n \cdot s)}{z}$$

| | | |
|---|---|---|
| $t_{max}$ | maximale Teilung | m |
| $L$ | Gesamtlänge | m |
| $l$ | lichte Weite | m |
| $l_{max}$ | maximale lichte Weite | m |
| $l_{i\,R}$ | lichte Weite des Rahmens | m |
| $L_a$ | Außenlänge | m |
| $s$ | Stabdicke | m |
| $s_P$ | Pfostendicke | m |
| $z$ | Anzahl der Teilungen (Felder) | m |
| $n$ | Anzahl der Stäbe (Bohrungen) | m |

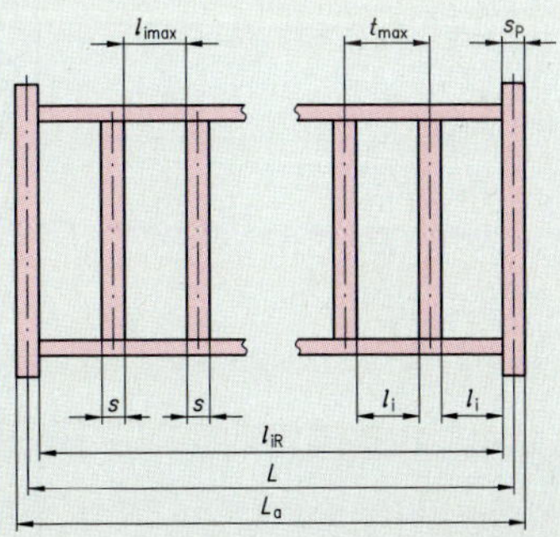

# Teilungen, Längen

## Trennen von Werkstückteilen

$$n = \frac{L}{l_T + s}$$

$$l_R = L - (l_T + s) \cdot n$$

| | | |
|---|---|---|
| $n$ | Anzahl der Teilstücke | |
| $L$ | Gesamtlänge | m |
| $l_T$ | Länge eines Werkstückteils | m |
| $l_R$ | Restlänge | m |
| $s$ | Sägeschnittbreite | m |

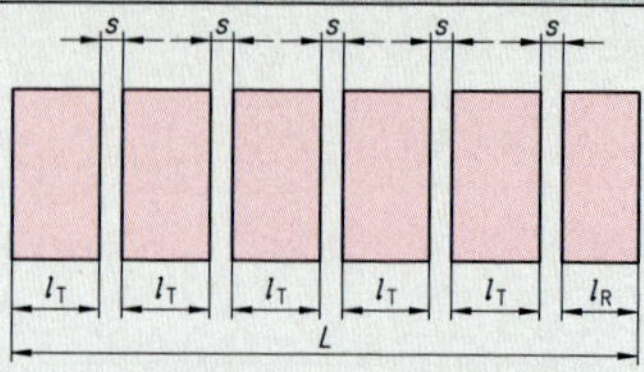


$n$ ist bis zur nächsten ganzen Zahl abzurunden

# Volumen, Oberflächen

## Würfel

$$V = a^3 \qquad A = a^2 \qquad A_O = 6 \cdot a^2$$

$$d = \sqrt{3} \cdot a \qquad a = \frac{d}{\sqrt{3}}$$

| | | |
|---|---|---|
| $V$ | Volumen | $m^3$ |
| $A$ | Grundfläche | $m^2$ |
| $A_O$ | Oberfläche | $m^2$ |
| $a$ | Kantenlänge | m |
| $d$ | Diagonale | m |

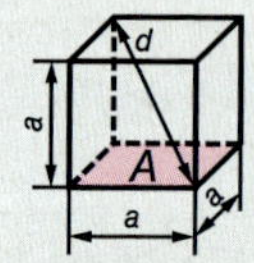


## Prisma

$$V = A \cdot h = a \cdot b \cdot h$$

$$A = \frac{V}{h} \qquad h = \frac{V}{A}$$

$$A = a \cdot b$$

$$A_O = 2 \cdot (a \cdot b + a \cdot h + b \cdot h)$$

$$d = \sqrt{a^2 + b^2 + h^2}$$

| | | |
|---|---|---|
| $V$ | Volumen | $m^3$ |
| $A$ | Grundfläche | $m^2$ |
| $h$ | Höhe | $m^2$ |
| $a, b$ | Kantenlänge | m |
| $d$ | Diagonale | m |

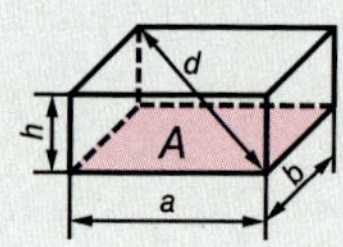


## Zylinder

$$V = \frac{\pi}{4} \cdot d^2 \cdot h = \pi \cdot r^2 \cdot h = A \cdot h$$

$$d = \sqrt{\frac{4 \cdot V}{\pi \cdot h}} \qquad h = \frac{4 \cdot V}{\pi \cdot d^2}$$

$$r = \sqrt{\frac{V}{\pi \cdot h}}$$

$$A_M = \pi \cdot d \cdot h = 2 \cdot \pi \cdot r \cdot h$$

$$d = \frac{A_M}{\pi \cdot h} \qquad r = \frac{A_M}{2 \cdot \pi \cdot h}$$

$$h = \frac{A_M}{\pi \cdot d} \qquad h = \frac{A_M}{2 \cdot \pi \cdot r}$$

$$A_O = \pi \cdot d \cdot h + 2 \cdot \frac{\pi \cdot d^2}{4}$$

$$A_O = 2 \cdot \pi \cdot r \cdot h + 2 \cdot \pi \cdot r^2$$

$$h = \frac{A_O - 2 \cdot \frac{\pi \cdot d^2}{4}}{\pi \cdot d}$$

$$h = \frac{A_O + 2 \cdot \pi \cdot r^2}{2 \cdot \pi \cdot r}$$

| | | |
|---|---|---|
| $V$ | Volumen | $m^3$ |
| $A$ | Grundfläche | $m^2$ |
| $d$ | Durchmesser | m |
| $r$ | Radius | m |
| $h$ | Höhe | m |
| $A_O$ | Oberfläche | m |
| $A_M$ | Mantelfläche | m |

$$A = d^2 \cdot \frac{\pi}{4}$$

$$d = \sqrt{\frac{4 \cdot A}{\pi}}$$

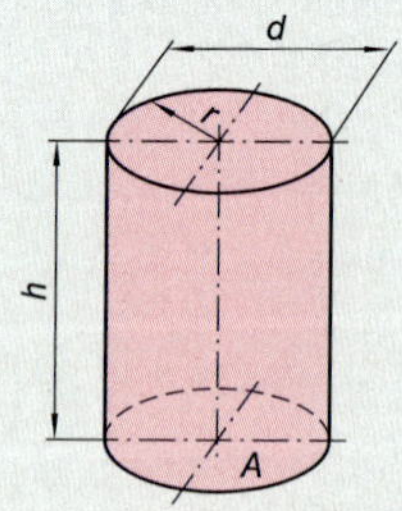

## Volumen, Oberflächen

### Hohlzylinder

$$V = A \cdot h = \pi \cdot d_m \cdot b \cdot h$$
$$V = \frac{\pi}{4} \cdot h \cdot (D^2 - d)$$

$$D = \sqrt{\frac{4 \cdot V}{\pi \cdot h} + d^2} \quad d = \sqrt{D^2 - \frac{4 \cdot V}{\pi \cdot h}}$$

$$h = \frac{4 \cdot V}{\pi \cdot (D^2 - d^2)}$$

$$A_M = \pi \cdot h \cdot (D + d)$$

$$D = \frac{A_M}{\pi \cdot h} - d \qquad h = \frac{A_M}{\pi \cdot (D + d)}$$

$$d = \frac{A_M}{\pi \cdot h} - D$$

$$d_m = \frac{D + d}{2} \qquad d_m = d + b = D - b$$

$$A_O = \pi \cdot \left[\frac{D^2 - d^2}{2} + h \cdot (D + d)\right]$$

$$h = \frac{A_O - \pi \cdot \frac{D^2 - d^2}{2}}{\pi \cdot (D + d)}$$

$$A = \frac{\pi}{4}(D^2 - d^2) = \frac{\pi}{4} \cdot d_m \cdot b$$

| | | |
|---|---|---|
| $V$ | Volumen | $m^3$ |
| $A$ | Grundfläche | $m^2$ |
| $d$ | Innendurchmesser | m |
| $D$ | Außen-durchmesser | m |
| $d_m$ | mittlerer Durchmesser | m |
| $h$ | Höhe | m |
| $b$ | Wanddicke | m |
| $A_O$ | Oberfläche | $m^2$ |
| $A_M$ | Mantelfläche | $m^2$ |

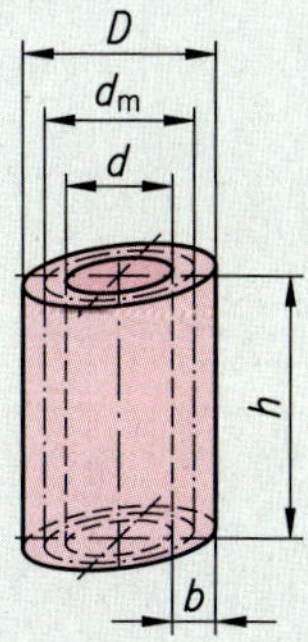


### Pyramide

$$V = \frac{1}{3} \cdot a \cdot b \cdot h$$

$$a = \frac{3 \cdot V}{b \cdot h} \qquad b = \frac{3 \cdot V}{a \cdot h} \qquad h = \frac{3 \cdot V}{a \cdot b}$$

$$A_M = h_s \cdot (a + b)$$

$$h_s = \frac{A_M}{a + b} \qquad a = \frac{A_M - b \cdot h_s}{h_s}$$

$$b = \frac{A_M - a \cdot h_s}{h_s}$$

$$A_O = h_s \cdot (a + b) + a \cdot b$$

$$h_s = \frac{A_O - a \cdot b}{a + b}$$

$$h_s = \sqrt{x^2 - \left(\frac{b}{2}\right)^2} = \sqrt{h^2 + \frac{a^2}{4}}$$

$$x = \sqrt{{h_s}^2 + \left(\frac{b}{2}\right)^2}$$

$$x = \sqrt{h^2 + \left(\frac{\sqrt{a^2 + b^2}}{2}\right)^2}$$

| | | |
|---|---|---|
| $V$ | Volumen | $m^2$ |
| $a$ | Kantenlänge | m |
| $b, x$ | Kantenlänge | m |
| $A$ | Grundfläche | $m^2$ |
| $A_O$ | Oberfläche | $m^2$ |
| $A_M$ | Mantelfläche | $m^2$ |
| $h$ | Höhe | m |
| $h_s$ | Höhe der Seitenfläche | m |

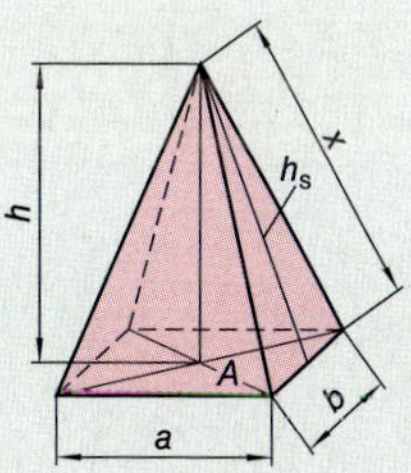

## Volumen, Oberflächen

### Pyramidenstumpf

$$V = \frac{h}{3} \cdot (A_1 + A_2 + \sqrt{A_1 \cdot A_2})$$

$A_1 = a_1 \cdot b_1$ $\quad A_2 = a_2 \cdot b_2$

$a_1 = \frac{A_1}{b_1}$ $\quad a_2 = \frac{A_2}{b_2}$

$b_1 = \frac{A_1}{a_1}$ $\quad b_2 = \frac{A_2}{a_2}$

$h = \frac{3 \cdot V}{A_1 + A_2 + \sqrt{A_1 \cdot A_2}}$

$h = \sqrt{h_s^2 - \left(\frac{a_1 - a_2}{2}\right)^2}$

| | | |
|---|---|---|
| $V$ | Volumen | $m^3$ |
| $A_1$ | Grundfläche | $m^2$ |
| $A_2$ | Deckfläche | $m^2$ |
| $a_1$ | Seitenlänge, groß | m |
| $a_2$ | Seitenlänge, klein | m |
| $b_1$ | Breite, groß | m |
| $b_2$ | Breite, klein | m |
| $h$ | Höhe | m |
| $h_s$ | Mantelhöhe | m |

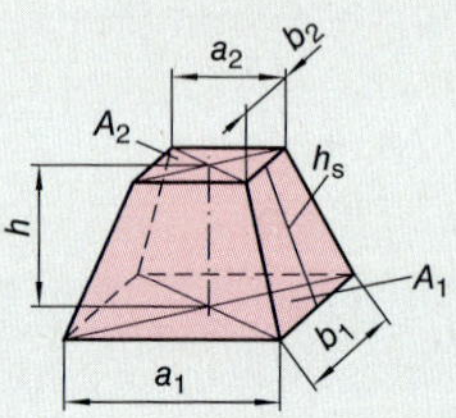


$$A_M = h_s \cdot (a_1 + a_2 + b_1 + b_2)$$

$h_s = \frac{A_M}{a_1 + a_2 + b_1 + b_2} = \sqrt{\frac{(b_1 - b_2)^2}{4} + h^2} = \sqrt{\frac{(a_1 - a_2)^2}{4} + h^2}$

$$A_O = h_s \cdot (a_1 + a_2 + b_1 + b_2) + a_1 \cdot b_1 + a_2 \cdot b_2$$

$h_s = \frac{A_O - a_1 \cdot b_1 - a_2 \cdot b_2}{a_1 + a_2 + b_1 + b_2}$

$h_s = \sqrt{h^2 + \frac{1}{4} \cdot (a_1^2 - 2 \cdot a_1 \cdot a_2 + a_2^2)}$

### Kegel

$$V = \frac{1}{3} \cdot h \cdot \frac{\pi \cdot D^2}{4} = \frac{1}{3} A \cdot h$$

$h = \frac{12 \cdot V}{\pi \cdot D^2}$ $\quad D = \sqrt{\frac{12 \cdot V}{\pi \cdot h}}$

$$A_M = \frac{\pi \cdot D}{2} \cdot h_M = \pi \cdot r \cdot h_M$$

$D = \frac{2 \cdot A_M}{\pi \cdot h_M}$ $\quad h_M = \frac{2 \cdot A_M}{\pi \cdot D}$

$$A_O = \frac{\pi \cdot D}{2} \cdot \left(h_M + \frac{D}{2}\right)$$

$h_M = \sqrt{\left(\frac{D}{2}\right)^2 + h^2}$

$D = 2 \cdot \sqrt{h_M^2 - h^2}$

$h = \sqrt{h_M^2 - \left(\frac{D}{2}\right)^2}$

| | | |
|---|---|---|
| $V$ | Volumen | $m^3$ |
| $A$ | Grundfläche, Kreis | $m^2$ |
| $d$ | Durchmesser, klein | m |
| $D$ | Durchmesser, groß | m |
| $r$ | Radius | m |
| $h$ | Höhe | m |
| $h_M$ | Höhe der Mantelfläche | m |
| $A_O$ | Oberfläche | $m^2$ |
| $A_M$ | Mantelfläche | $m^2$ |

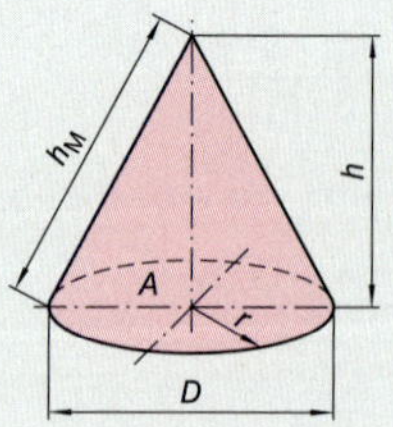

## Volumen, Oberflächen

### Kegelstumpf

$$V = \frac{1}{12} \cdot \pi \cdot h \cdot (D^2 + d^2 + D \cdot d)$$

$$A_M = \frac{\pi}{2} \cdot h_M \cdot (D + d)$$

$$D = \frac{2 \cdot A_M}{\pi \cdot h_M} - d \qquad d = \frac{2 \cdot A_M}{\pi \cdot h_M} - D$$

$$h_M = \frac{2 \cdot A_M}{\pi \cdot (D + d)}$$

$$h_M = \sqrt{h^2 + \left(\frac{D - d}{2}\right)^2}$$

$$h = \sqrt{{h_M}^2 - \left(\frac{D - d}{2}\right)^2}$$

$$A_O = \frac{\pi}{2} \cdot \left[(D + d) \cdot h_M + \frac{D^2 + d^2}{2}\right]$$

| | | |
|---|---|---|
| $V$ | Volumen | $m^3$ |
| $A_M$ | Mantelfläche | $m^2$ |
| $A_O$ | Oberfläche | $m^2$ |
| $D$ | Durchmesser, groß | m |
| $d$ | Durchmesser, klein | m |
| $h$ | Höhe | m |
| $h_M$ | Mantelhöhe | m |

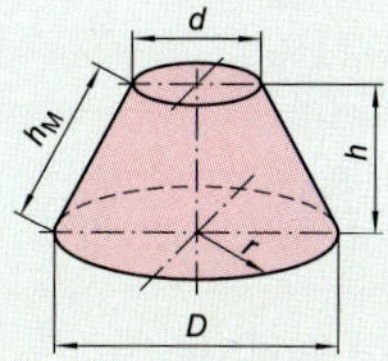


### Kugel

$$V = \frac{\pi}{6} \cdot d^3 = \frac{4}{3} \cdot \pi \cdot r^3$$

$$d = \sqrt[3]{\frac{6 \cdot V}{\pi}}$$

$$A_O = \pi \cdot d^2 = 4 \cdot \pi \cdot r^2$$

$$d = \sqrt{\frac{A_O}{\pi}}$$

| | | |
|---|---|---|
| $V$ | Volumen | $m^3$ |
| $d$ | Durchmesser | m |
| $A_O$ | Oberfläche | $m^2$ |
| $r$ | Radius | m |

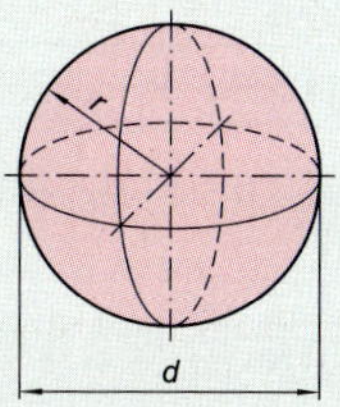


### Ring mit Kreisquerschnitt

$$A_O = \pi^2 \cdot d_1 \cdot d_m$$

$$V = \pi \cdot d_m \cdot A$$

$$V = \frac{\pi \cdot {d_1}^2}{4} \cdot \pi \cdot d_m$$

$$d_m = d_2 - d_1 = d_3 + d_1$$

$$d_m = \frac{d_2 + d_3}{2}$$

$$A = \frac{\pi \cdot {d_1}^2}{4}$$

| | | |
|---|---|---|
| $V$ | Volumen | $m^3$ |
| $d_1$ | Ringdurchmesser | m |
| $d_2$ | Außendurchmesser | m |
| $d_3$ | Innendurchmesser | m |
| $d_m$ | mittlerer Durchmesser | m |
| $A$ | Ringquerschnitt | $m^2$ |
| $A_O$ | Oberfläche | $m^2$ |

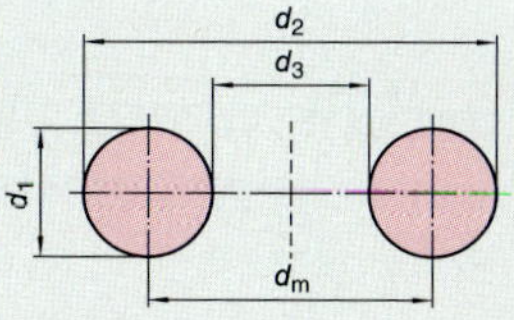

## Volumen, Oberflächen

### Kugelabschnitt (Kalotte)

$$V = \pi \cdot h^2 \cdot \left(\frac{d}{2} - \frac{h}{3}\right)$$

$$d = 2 \cdot \left(\frac{V}{\pi \cdot h^2} + \frac{h}{3}\right)$$

$$A_M = \pi \cdot d \cdot h$$

$$d = \frac{A_M}{\pi \cdot h} \qquad h = \frac{A_M}{\pi \cdot d}$$

$$A_O = \pi \cdot h \cdot (2 \cdot d - h)$$

$$d = \frac{A_O}{2 \cdot \pi \cdot h} + \frac{h}{2} = h + \frac{d_1^2}{4 \cdot h}$$

$$A = \frac{\pi \cdot d_1^2}{4}$$

$$d_1 = \sqrt{\frac{4 \cdot A}{\pi}} = 2 \cdot \sqrt{h \cdot (d - h)}$$

| | | |
|---|---|---|
| $V$ | Volumen | $m^3$ |
| $h$ | Höhe | m |
| $d$ | Kugeldurchmesser | m |
| $A_M$ | Mantelfläche | $m^2$ |
| $A_O$ | Oberfläche | $m^2$ |
| $d_1$ | Kugelabschnittsdurchmesser | m |
| $A$ | Grundfläche | $m^2$ |

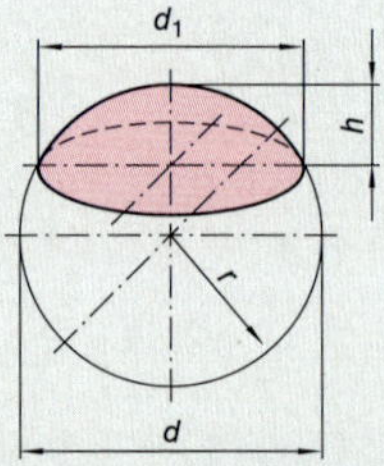


### Kugelzone, Kugelschicht

$$V = \frac{\pi}{24} \cdot h \cdot (3 \cdot d_1^2 + 3 \cdot d_2^2 + 4 \cdot h^2)$$

$$d_1 = \sqrt{\frac{8 \cdot V}{\pi \cdot h} - d_2^2 - \frac{4}{3} \cdot h^2}$$

$$d_2 = \sqrt{\frac{8 \cdot V}{\pi \cdot h} - d_1^2 - \frac{4}{3} \cdot h^2}$$

$$A_M = \pi \cdot d \cdot h$$

$$d = \frac{A_M}{\pi \cdot h} \qquad h = \frac{A_M}{\pi \cdot d}$$

$$A_O = \frac{\pi}{4} \cdot (4 \cdot d \cdot h + d_1^2 + d_2^2)$$

$$d = \left(\frac{4 \cdot A_O}{\pi} - d_1^2 - d_2^2\right) \cdot \frac{1}{4 \cdot h}$$

$$d_1 = \sqrt{\frac{4 \cdot A_O}{\pi} - 4 \cdot d \cdot h - d_2^2}$$

$$d_2 = \sqrt{\frac{4 \cdot A_O}{\pi} - 4 \cdot d \cdot h - d_1^2}$$

$$h = \left(\frac{A_O}{\pi} - \frac{d_1^2}{4} - \frac{d_2^2}{4}\right) \cdot \frac{1}{d}$$

| | | |
|---|---|---|
| $V$ | Volumen | $m^3$ |
| $d$ | Kugeldurchmesser | m |
| $d_1$ | großer Durchmesser | m |
| $d_2$ | kleiner Durchmesser | m |
| $h$ | Höhe | m |
| $A_M$ | Mantelfläche | $m^2$ |
| $A_O$ | Oberfläche | $m^2$ |

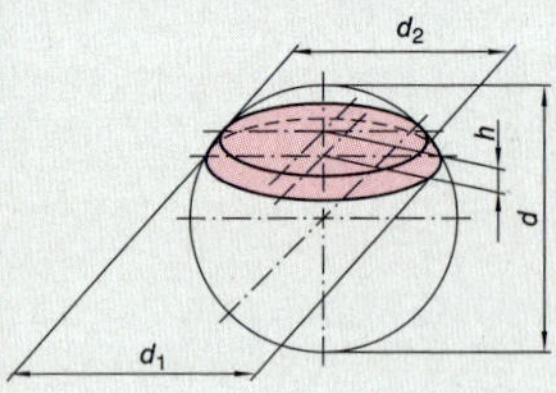

# Volumen, Oberflächen

## Kugelausschnitt

$$V = \frac{\pi}{6} \cdot d^2 \cdot h$$

$$d = \sqrt{\frac{6 \cdot V}{\pi \cdot h}} \qquad h = \frac{6 \cdot V}{\pi \cdot d^2}$$

$$A_O = \frac{\pi}{4} \cdot d \cdot (4 \cdot h + d_1)$$

$$d = \frac{4 \cdot A_O}{\pi \cdot (4 \cdot h + d_1)} = h + \frac{d_1^{\,2}}{4}$$

$$d_1 = \frac{4 \cdot A_O}{\pi \cdot d} - 4 \cdot h = 2 \cdot \sqrt{h \cdot (2r - h)}$$

$$h = \frac{d - \sqrt{d^2 - d_1^{\,2}}}{2} = r - \sqrt{r^2 - \frac{d_1^{\,2}}{4}}$$

| | | |
|---|---|---|
| $V$ | Volumen | $m^3$ |
| $d$ | Kugeldurchmesser | m |
| $h$ | Höhe | m |
| $A_O$ | Oberfläche | $m^2$ |
| $d_1$ | kleiner Durchmesser | m |

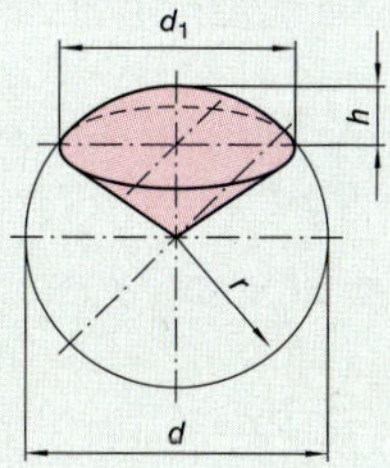


## Guldinsche Regel, Mantelfläche

$$A_M = l \cdot l_S \qquad l_S = \pi \cdot d_S$$

$$A_M = \frac{l}{2} \cdot \pi \cdot (D + d)$$

$$d_S = \frac{D + d}{2}$$

$$l = \frac{2 \cdot A_M}{\pi \cdot (D + d)}$$

$$D = \frac{2 \cdot A_M}{\pi \cdot l} - d \qquad d = \frac{2 \cdot A_M}{\pi \cdot l} - D$$

| | | |
|---|---|---|
| $A_M$ | Mantelfläche | $m^2$ |
| $l$ | Länge der erzeugenden Mantellinie | m |
| $l_S$ | Länge des Schwerpunktweges | m |
| $d_S$ | Durchmesser des Schwerpunktweges | m |
| $d$, $D$ | Durchmesser | m |
| $S$ | Linienschwerpunkt | |

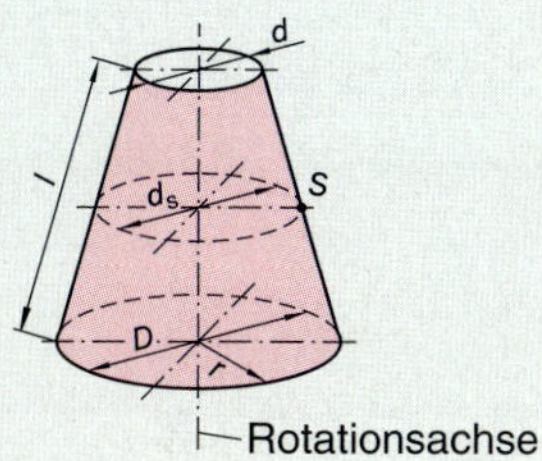


## Guldinsche Regel, Oberfläche

$$A_O = U_0 \cdot l_S \qquad l_S = \pi \cdot d_S$$

$$d_S = \frac{D + d}{2} \qquad U_0 = 2 \cdot h + (D - d)$$

$$A_O = \pi \cdot (2 \cdot h + D - d) \cdot \left(\frac{D + d}{2}\right)$$

| | | |
|---|---|---|
| $A_O$ | Oberfläche | $m^2$ |
| $U_0$ | Umfang der Rotationsfläche | m |
| $l_S$ | Länge des Schwerpunktweges | m |
| $d_S$ | Durchmesser des Schwerpunktweges | m |
| $h$ | Höhe | m |
| $S$ | Flächenschwerpunkt | |

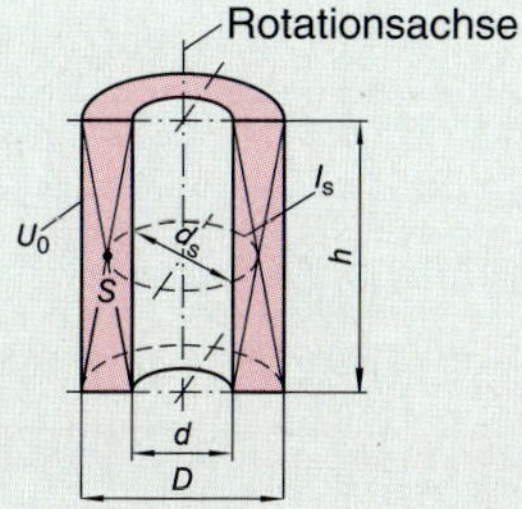

# Volumen, Oberflächen

## Guldinsche Regel, Volumen

$V = A_O \cdot l_S$ $\quad l_S = \pi \cdot d_S$

$A_O = \frac{V}{l_S} = \frac{V}{\pi \cdot d_S}$

$d_S = \frac{V}{\pi \cdot A_O}$ $\quad d_S = \frac{D + d}{2}$

$A_O = \frac{D - d}{2} \cdot h$

$V = \frac{D - d}{2} \cdot h \cdot \frac{D + d}{2} \cdot \pi$

$V = \frac{h \cdot \pi}{4} \cdot (D^2 - d^2)$

$D = \sqrt{1{,}273 \cdot \frac{V}{h} + d^2}$

$d = \sqrt{D^2 - 1{,}273 \cdot \frac{V}{h}}$

$h = \frac{4 \cdot V}{\pi \cdot (D^2 - d^2)}$

| | | |
|---|---|---|
| $V$ | Volumen | $m^3$ |
| $A_O$ | Rotationsfläche | $m^2$ |
| $l_S$ | Länge des Schwerpunktweges | m |
| $d_S$ | Durchmesser des Schwerpunktweges | m |
| $d$, $D$ | Durchmesser | m |
| $h$ | Höhe | m |
| $S$ | Linienschwerpunkt | |

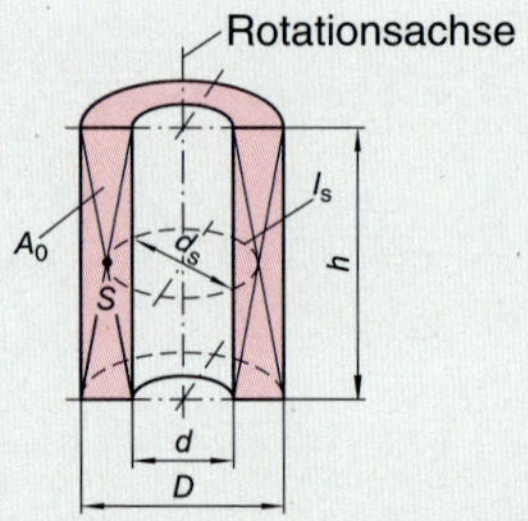


# Kraft und Bewegung

## Kraftpfeil, Vektor

$F = l \cdot KM$

$l = \frac{F}{KM}$

| | | |
|---|---|---|
| $F$ | Kraft | N |
| $l$ | Länge des Kraftpfeils | m |
| KM | Kräftemaßstab | $\frac{N}{mm^2}$ |

N: Newton

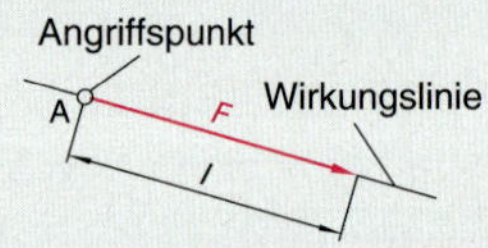


## Resultierende Kraft

1) $F_R = F_1 + F_2 + F_3$
   $F_1 = F_R - F_2 - F_3$
   $F_2 = F_R - F_1 - F_3$
   $F_3 = F_R - F_1 - F_2$

2) $F_R = F_1 - F_2$ $\quad (F_1 > F_2)$
   $F_1 = F_R + F_2$
   $F_2 = F_1 - F_R$

| | | |
|---|---|---|
| $F_R$ | resultierende Kraft | N |
| $F_1, F_2, F_3$ | Teilkräfte | N |

N: Newton

Addition bzw. Subtraktion müssen *geometrisch* durchgeführt werden.

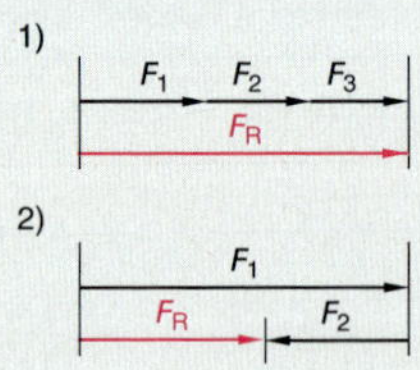


## Kräfteparallelogramm

$F_R = \sqrt{F_1^2 + F_2^2 - 2 \cdot F_1 \cdot F_2 \cdot \cos\alpha}$

$\alpha = \alpha_1 + \alpha_2$

| | | |
|---|---|---|
| $F_R$ | resultierende Kraft | N |
| $F_1, F_2$ | Teilkräfte | N |
| $\alpha$ | Winkel zwischen $F_1$ und $F_2$ | Grad |

N: Newton

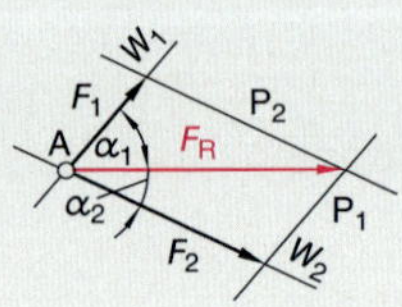

## Kraft und Bewegung

### Krafteck

$$\vec{F}_R = \vec{F}_1 + \vec{F}_2 + \vec{F}_3$$

| | | |
|---|---|---|
| $F_R$ | resultierende Kraft | N |
| $F_1, F_2, F_3$ | Teilkräfte | N |

N: Newton

Es ist eine *geometrische* Addition notwendig.

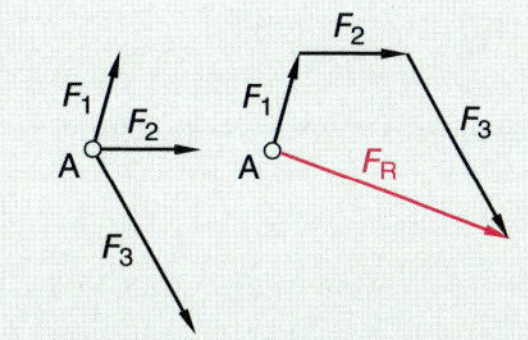


### Gewichtskraft

$$F_G = m \cdot g$$

$$m = \frac{F_G}{g}$$

| | | |
|---|---|---|
| $F_G$ | Gewichtskraft | N |
| $m$ | Masse | kg |
| $g$ | Fallbeschleunigung | $\frac{m}{s^2}$ |

N: Newton

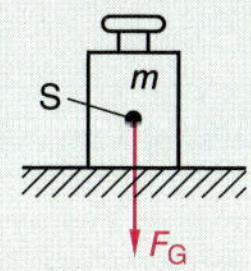


$g = 9{,}81\ \frac{m}{s^2}$

### Beschleunigungskraft

$$F = m \cdot a$$

$$m = \frac{F}{a} \qquad a = \frac{F}{m}$$

| | | |
|---|---|---|
| $F$ | Beschleunigungskraft | N |
| $m$ | Masse | kg |
| $a$ | Beschleunigung | $\frac{m}{s^2}$ |

N: Newton

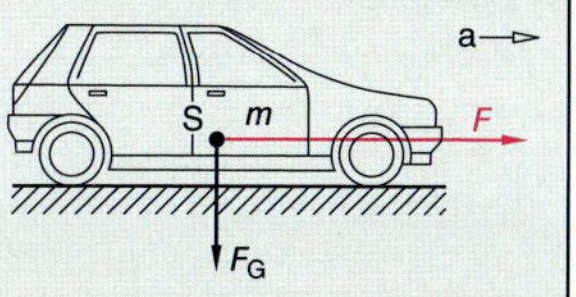


### Federkraft

$$F_G = F = s \cdot R$$

$$s = \frac{F}{R} \qquad R = \frac{F}{s}$$

| | | |
|---|---|---|
| $F_G$ | Gewichtskraft | N |
| $F$ | Federkraft | N |
| $s$ | Federweg | mm |
| $R$ | Federrate | $\frac{N}{mm}$ |

N: Newton

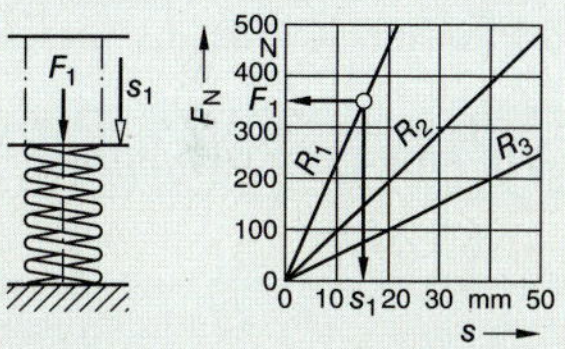


### Fliehkraft

$$F_Z = m \cdot r \cdot \omega^2 \qquad \omega = \frac{v}{r}$$

$$m = \frac{F_Z}{r \cdot \omega^2} \qquad r = \frac{F_Z}{m \cdot \omega^2}$$

$$\omega = \sqrt{\frac{F_Z}{m \cdot r}}$$

$$F_Z = \frac{m \cdot v^2}{r}$$

$$m = \frac{F_Z \cdot r}{v^2} \qquad r = \frac{m \cdot v^2}{F_Z}$$

$$v = \sqrt{\frac{F_Z \cdot r}{m}}$$

| | | |
|---|---|---|
| $F_Z$ | Fliehkraft | N |
| $m$ | Masse | kg |
| $r$ | Radius | m |
| $\omega$ | Winkelgeschwindigkeit | $\frac{1}{s}$ |
| $v$ | Umfangsgeschwindigkeit | $\frac{m}{s}$ |

N: Newton

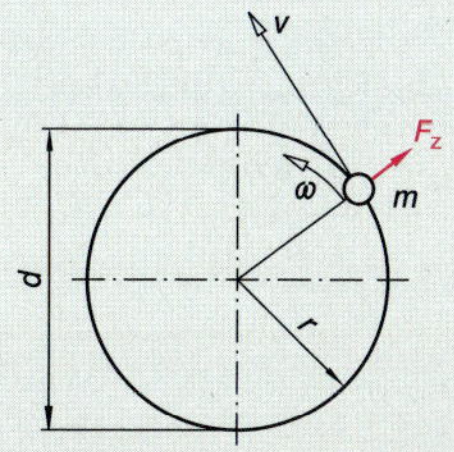

# Kraft und Bewegung

## Gleichförmige, geradlinige Bewegung

$$v = \frac{s}{t}$$

$s = v \cdot t$ $\qquad t = \frac{s}{v}$

| | | |
|---|---|---|
| $v$ | Geschwindigkeit | $\frac{m}{s}$ |
| $s$ | Weg | m |
| $t$ | Zeit | s |
| $\Delta s$ | Wegdifferenz | m |
| $\Delta t$ | Zeitdifferenz | s |

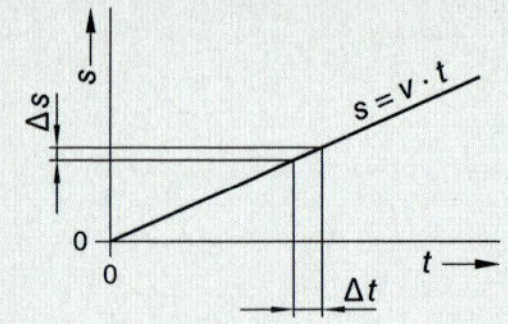


$1\,\frac{m}{s} = 60\,\frac{m}{min}$, $1\,\frac{km}{h} \approx 0{,}28\,\frac{m}{s}$

$1\,\frac{km}{h} \approx 16{,}7\,\frac{m}{min}$

## Gleichförmig beschleunigte Bewegung

$$s = \frac{1}{2} \cdot a \cdot t^2$$

$a = \frac{2 \cdot s}{t^2}$ $\qquad t = \sqrt{\frac{2 \cdot s}{a}}$

*Fallweg:*

$s = \frac{1}{2} \cdot g \cdot t^2$

| | | |
|---|---|---|
| $s$ | Weg | m |
| $a$ | Beschleunigung | $\frac{m}{s^2}$ |
| $g$ | Fallbeschleunigung | $\frac{m}{s^2}$ |
| $t$ | Zeit | s |

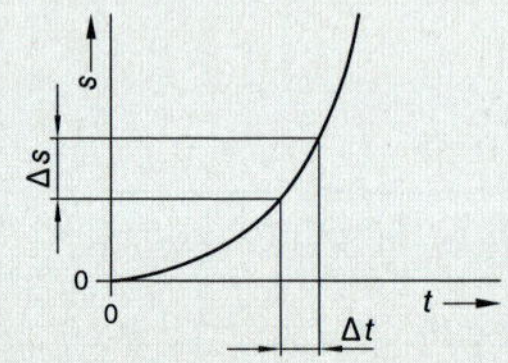


$g = 9{,}81\,\frac{m}{s^2}$

## Beschleunigung

$$a = \frac{v}{t}$$

$t = \frac{v}{a}$ $\qquad v = a \cdot t$

| | | |
|---|---|---|
| $a$ | Beschleunigung | $\frac{m}{s^2}$ |
| $v$ | Geschwindigkeit | $\frac{m}{s}$ |
| $t$ | Zeit | s |

## Umfangsgeschwindigkeit

$$v = \pi \cdot d \cdot n$$

$n = \frac{v}{\pi \cdot d}$ $\qquad d = \frac{v}{\pi \cdot n}$

| | | |
|---|---|---|
| $v$ | Umfangs-geschwindigkeit | $\frac{m}{s}$ |
| $d$ | Durchmesser | m |
| $n$ | Drehzahl | $\frac{1}{s}$ |

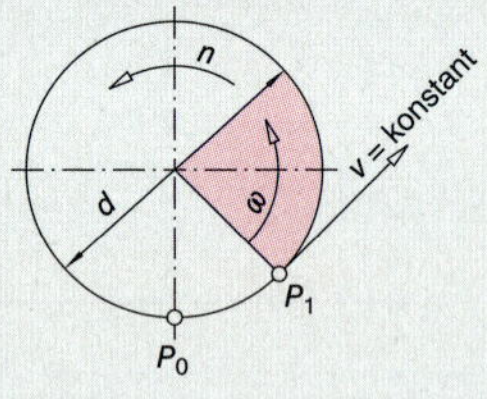


## Winkelgeschwindigkeit

$$\omega = 2 \cdot \pi \cdot n$$

$n = \frac{\omega}{2 \cdot \pi}$

$v = \omega \cdot r$

$r = \frac{v}{\omega}$ $\qquad \omega = \frac{v}{r}$

| | | |
|---|---|---|
| $\omega$ | Winkel-geschwindigkeit | $\frac{1}{s}$ |
| $n$ | Drehzahl | $\frac{1}{s}$ |
| $r$ | Radius | m |

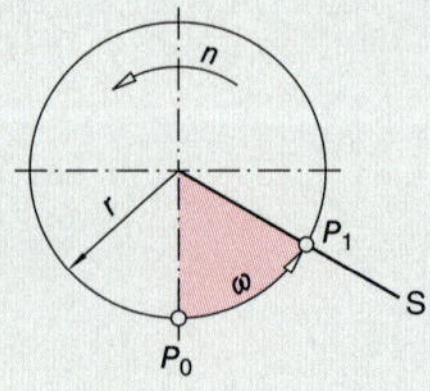

# Kraft und Bewegung

## Reibungskraft

$$F_Z = F_R \qquad F_Z = \mu \cdot F_N$$

$$\mu = \frac{F_Z}{F_N} \qquad F_N = \frac{F_Z}{\mu}$$

| | | |
|---|---|---|
| $F_Z$ | Zugkraft | N |
| $F_R$ | Reibungskraft | N |
| $F_N$ | Normalkraft | N |
| $F_G$ | Gewichtskraft | N |
| $\mu$ | Gleitreibungszahl, bei Haftreibung $\mu_0$ | |
| S | Massenschwerpunkt | |

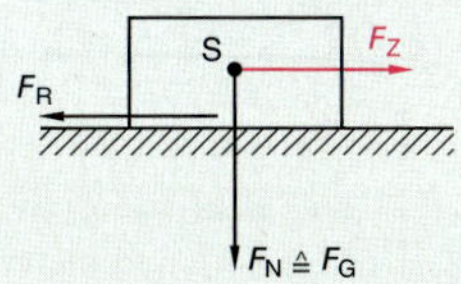


## Rollreibung

$$F_Z = F_R \qquad F_Z \cdot r = F_N \cdot f$$

$$F_Z = F_N \cdot \frac{f}{r} \qquad F_Z = \mu_r \cdot F_N$$

$$f = \frac{F_Z \cdot r}{F_N} \qquad F_N = \frac{F_Z \cdot r}{f}$$

$$r = \frac{F_N \cdot f}{F_Z}$$

| | | |
|---|---|---|
| $F_Z$ | Zugkraft | N |
| $F_R$ | Reibungskraft | N |
| $F_N$ | Normalkraft | N |
| $r$ | Wirkradius | mm |
| $f$ | Rollreibungsbeiwert | mm |
| $\mu_r$ | Rollreibungszahl | |

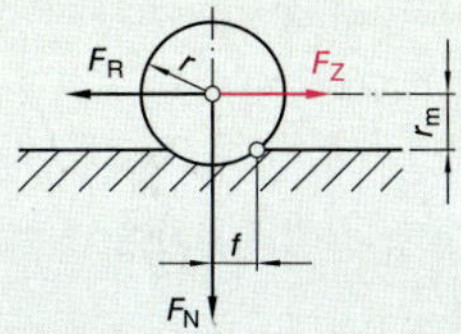


## Einseitiger Hebel

$$\Sigma M_L = \Sigma M_R$$

$$M = F \cdot l$$

$$F_1 \cdot l_1 = F_2 \cdot l_2$$

$$F_1 = \frac{F_2 \cdot l_2}{l_1} \qquad F_2 = \frac{F_1 \cdot l_1}{l_2}$$

$$l_1 = \frac{F_2 \cdot l_2}{F_1} \qquad l_2 = \frac{F_1 \cdot l_1}{F_2}$$

| | | |
|---|---|---|
| $M$ | Drehmoment | Nm |
| $M_L$ | Drehmoment, linksdrehend | Nm |
| $M_R$ | Drehmoment, rechtsdrehend | Nm |
| $F$ | Kraft | N |
| $l$ | Länge | m |
| $l_1, l_2$ | Hebelarmlängen | m |

Nm: Newtonmeter

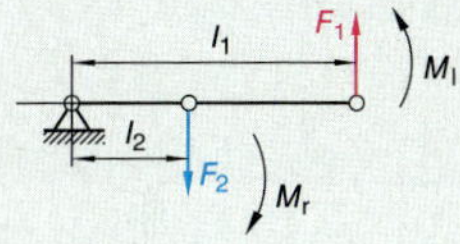


## Zweiseitiger Hebel

$$F_1 \cdot l_1 = F_2 \cdot l_2$$

$$F_1 = \frac{F_2 \cdot l_2}{l_1} \qquad F_2 = \frac{F_1 \cdot l_1}{l_2}$$

$$l_1 = \frac{F_2 \cdot l_2}{F_1} \qquad l_2 = \frac{F_1 \cdot l_1}{F_2}$$

| | | |
|---|---|---|
| $F_1$, $F_2$ | Kraft | N |
| $l_1, l_2$ | Hebelarmlängen | m |

N: Newton

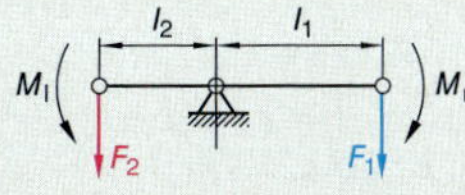


## Winkelhebel

$$F_1 \cdot l_1 = F_2 \cdot l_2$$

$$F_1 = \frac{F_2 \cdot l_2}{l_1} \qquad F_2 = \frac{F_1 \cdot l_1}{l_2}$$

$$l_1 = \frac{F_2 \cdot l_2}{F_1} \qquad l_2 = \frac{F_1 \cdot l_1}{F_2}$$

| | | |
|---|---|---|
| $F_1$, $F_2$ | Kraft | N |
| $l_1, l_2$ | Hebelarmlängen | m |
| $l_{01}, l_{02}$ | Längen der Hebelstangen | m |

N: Newton

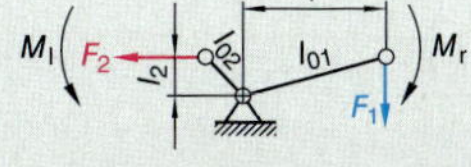


Bestimmung von $l_1$, $l_2$ mithilfe der Winkelfunktionen.

## Kraft und Bewegung

### Mehrfacher Hebel

$$\Sigma M_L = \Sigma M_R$$

$$F_1 \cdot l_1 + F_2 \cdot l_2 + F_4 \cdot l_4 = F_3 \cdot l_3$$

| | | |
|---|---|---|
| $M$ | Drehmoment | Nm |
| $M_L$ | Drehmoment, linksdrehend | Nm |
| $M_R$ | Drehmoment, rechtsdrehend | Nm |
| $F$ | Kraft | N |
| $l$ | Hebelarmlänge | m |

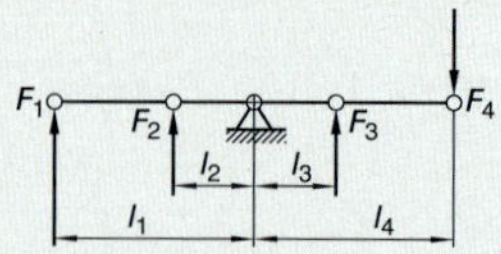


### Auflagerkräfte

$$\Sigma M_L = \Sigma M_R$$

*Drehpunkt Lager A:*

$$F_B \cdot l = F_1 \cdot l_1 + F_2 \cdot l_2 + F_3 \cdot l_3$$

$$F_B = \frac{F_1 \cdot l_1 + F_2 \cdot l_2 + F_3 \cdot l_3}{l}$$

$$l = \frac{F_1 \cdot l_1 + F_2 \cdot l_2 + F_3 \cdot l_3}{F_B}$$

*Drehpunkt Lager B:*

$$F_A \cdot l = F_1 \cdot (l - l_1) + F_2 \cdot (l - l_2) + F_3 \cdot (l - l_3)$$

$$F_A = \frac{F_1 \cdot (l - l_1) + F_2 \cdot (l - l_2) + F_3 \cdot (l - l_3)}{l}$$

$$l = \frac{F_1 \cdot (l - l_1) + F_2 \cdot (l - l_2) + F_3 \cdot (l - l_3)}{F_A}$$

| | | |
|---|---|---|
| $M_L$ | Drehmoment, linksdrehend | Nm |
| $M_R$ | Drehmoment, rechtsdrehend | Nm |
| $F$ | Kraft | N |
| $l$ | Hebelarmlänge | m |
| $F_A$, $F_B$ | Auflagekräfte | N |

Nm: Newtonmeter

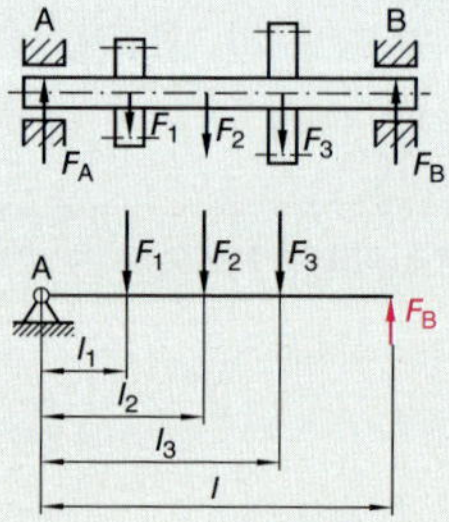


## Rolle, Flaschenzug, Winde

### Feste Rolle ($s = h$)

$$F_S = \frac{F_G}{\eta} = \frac{F_G \cdot h}{s \cdot \eta}$$

$$F_G = \frac{F_S \cdot s \cdot \eta}{h}$$

$$\eta = \frac{F_G \cdot h}{F_S \cdot s}$$

$$h = \frac{F_S \cdot s \cdot \eta}{F_G}$$

$$s = \frac{F_G \cdot h}{F_S \cdot \eta}$$

$$W = F_S \cdot s = \frac{F_G \cdot h}{\eta}$$

| | | |
|---|---|---|
| $F_S$ | Seilkraft | N |
| $F_G$ | Gewichtskraft | N |
| $h$ | Hubweg | m |
| $s$ | Seilweg | m |
| $\eta$ | Wirkungsgrad | |
| $W$ | Arbeit | Nm |

N: Newton

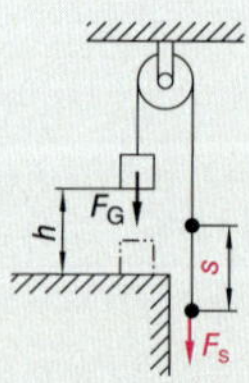

## Rolle, Flaschenzug, Winde

### Lose Rolle ($s = 2 \cdot h$)

$$F_S = \frac{F_G}{2 \cdot \eta}$$

$$F_G = F_S \cdot 2 \cdot \eta$$

$$F_S = \frac{F_G \cdot h}{s \cdot \eta} = \frac{F_G \cdot h}{2 \cdot h \cdot \eta} = \frac{F_G}{2 \cdot \eta}$$

$$W = F_S \cdot s = \frac{F_G \cdot h}{\eta}$$

| | | |
|---|---|---|
| $F_S$ | Seilkraft | N |
| $F_G$ | Gewichtskraft | N |
| $h$ | Hubweg | m |
| $s$ | Seilweg | m |
| $\eta$ | Wirkungsgrad | |
| $W$ | Arbeit | Nm |

N: Newton

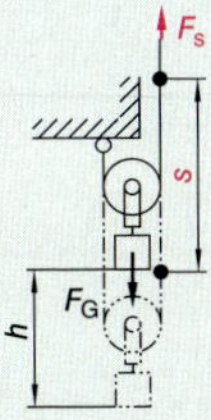


### Rollenflaschenzug ($s = n \cdot h$)

$$F_S = \frac{F_G}{n \cdot \eta}$$

$$h = \frac{s}{n} \qquad s = n \cdot h$$

$$F_S = \frac{F_G \cdot h}{s \cdot \eta} \qquad n = \frac{F_G}{F_S \cdot \eta}$$

$$\eta = \frac{F_G}{F_S \cdot n}$$

$$F_G = F_S \cdot n \cdot \eta$$

$$W = F_S \cdot s = \frac{F_G \cdot h}{\eta}$$

| | | |
|---|---|---|
| $F_S$ | Seilkraft | N |
| $F_G$ | Gewichtskraft | N |
| $h$ | Hubweg | m |
| $s$ | Seilweg | m |
| $n$ | Anzahl der Rollen | |
| $\eta$ | Wirkungsgrad | |
| $W$ | Arbeit | Nm |

N: Newton

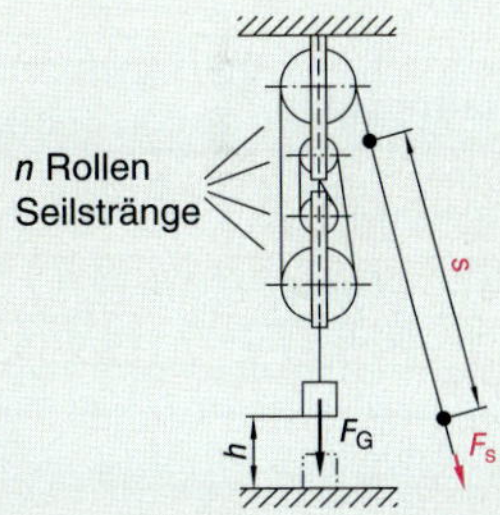


### Differenzialflaschenzug

$$F_S = \frac{F_G \cdot h}{s \cdot \eta}$$

$$s = 2 \cdot h \cdot \frac{R}{R - r}$$

$$F_S = \frac{F_G}{2 \cdot \frac{R}{R - r} \cdot \eta}$$

$$F_G = F_S \cdot 2 \cdot \frac{R}{R - r} \cdot \eta$$

$$r = R - \frac{F_S \cdot 2 \cdot R \cdot \eta}{F_G}$$

$$\eta = \frac{F_G}{F_S \cdot 2 \cdot \frac{R}{R - r}}$$

$$W = F_S \cdot s = \frac{F_G \cdot h}{\eta}$$

| | | |
|---|---|---|
| $F_S$ | Seilkraft | N |
| $F_G$ | Gewichtskraft | N |
| $h$ | Hubweg | m |
| $s$ | Seilweg | m |
| $\eta$ | Wirkungsgrad | |
| $R$ | Außenradius | m |
| $r$ | Innenradius | m |
| $W$ | Arbeit | Nm |

N: Newton

**Wirkungsgrad $\eta$**

| | |
|---|---|
| Seilwinden | 0,7 |
| Räderwinden | 0,85 |
| Flaschenzüge | 0,65 |

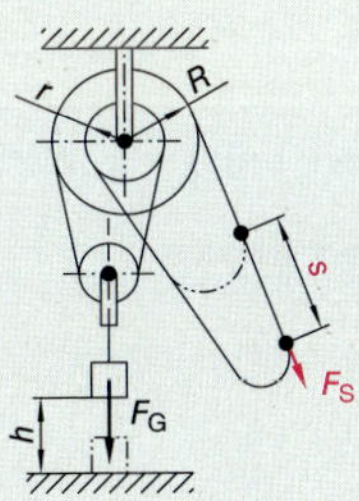

# Rolle, Flaschenzug, Winde

## Winde – Seilwinde

$$F_H \cdot l = F_G \cdot \frac{d}{2} \cdot \frac{1}{\eta}$$

$$F_H = \frac{F_G \cdot d}{2 \cdot l \cdot \eta}$$

$$F_H = \frac{F_G \cdot h}{2 \cdot l \cdot \pi \cdot n \cdot \eta}$$

$$l = \frac{F_G \cdot d}{2 \cdot F_H \cdot \eta} \qquad h = \pi \cdot d \cdot n$$

$$d = \frac{h}{\pi \cdot n} \qquad d = \frac{F_H \cdot 2 \cdot l \cdot \eta}{F_G}$$

$$n = \frac{h}{\pi \cdot d}$$

$$W = F_H \cdot 2 \cdot l \cdot \pi \cdot n = \frac{F_G \cdot h}{\eta}$$

| | | |
|---|---|---|
| $F_H$ | Handkraft | N |
| $F_G$ | Gewichtskraft | N |
| $l$ | Kurbellänge | m |
| $d$ | Trommeldurchmesser | m |
| $\eta$ | Wirkungsgrad | |
| $h$ | Hubweg | m |
| $n$ | Anzahl der Kurbelumdrehungen | |
| $W$ | Arbeit | Nm |

N: Newton

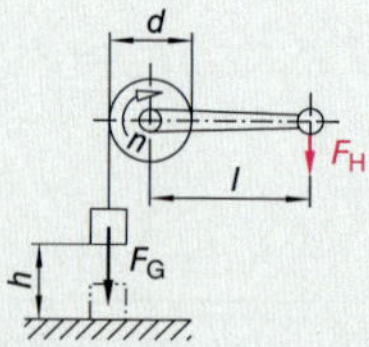


## Räderwinde

$$F_H \cdot l \cdot i = F_G \cdot \frac{d}{2} \cdot \frac{1}{\eta}$$

$$F_H = \frac{F_G \cdot d}{2 \cdot l \cdot i \cdot \eta}$$

$$i = \frac{z_2}{z_1} = \frac{r_2}{r_1}$$

$$F_H = \frac{F_G \cdot h}{2 \cdot l \cdot i \cdot \pi \cdot n \cdot \eta} \qquad i = \frac{F_G \cdot d}{F_H \cdot 2 \cdot l}$$

$$F_G = \frac{F_H \cdot 2 \cdot l \cdot i \cdot \eta}{d} \qquad d = \frac{h}{\pi \cdot n}$$

$$l = \frac{F_G \cdot d}{2 \cdot F_H \cdot i \cdot \eta} \qquad h = \pi \cdot d \cdot n$$

$$d = \frac{F_H \cdot 2 \cdot l \cdot i \cdot \eta}{F_G} \qquad n = \frac{h}{\pi \cdot d}$$

$$W = F_H \cdot 2 \cdot l \cdot i \cdot \pi \cdot n = \frac{F_G \cdot h}{\eta}$$

| | | |
|---|---|---|
| $F_H$ | Handkraft | N |
| $F_G$ | Gewichtskraft | N |
| $l$ | Kurbellänge | m |
| $d$ | Durchmesser | m |
| $\eta$ | Wirkungsgrad | |
| $i$ | Übersetzungsverhältnis | m |
| $z_1, z_2$ | Zähnezahlen | |
| $r_1, r_2$ | Radien | m |
| $n$ | Anzahl der Kurbelumdrehungen | |
| $W$ | Arbeit | Nm |
| $h$ | Hubweg | m |

N: Newton

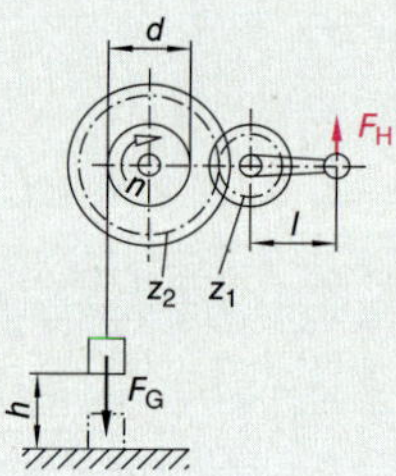


# Arbeit, Leistung, Wirkungsgrad

## Arbeit, Ebene

$$W = F_Z \cdot s$$

$$F_Z = \frac{W}{s} \qquad s = \frac{W}{F_Z}$$

$$F_Z = \mu \cdot F_G$$

$$F_G = \frac{F_Z}{\mu} \qquad \mu = \frac{F_Z}{F_G}$$

$$W = \mu \cdot F_G \cdot s \qquad F_Z = F_R$$

| | | |
|---|---|---|
| $W$ | Arbeit | Nm |
| $F_Z$ | Zugkraft | N |
| $s$ | Weg | m |
| $F_G$ | Gewichtskraft | N |
| $F_R$ | Reibungskraft | N |
| $\mu$ | Gleitreibungszahl | |

J: Joule, Ws: Wattsekunde, Nm: Newtonmeter

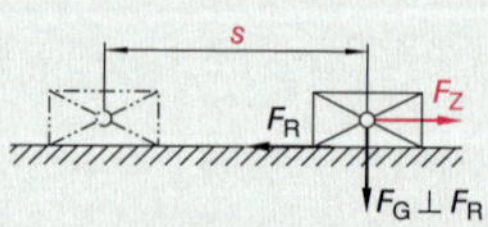


$$1\ \text{J} = 1\ \text{Nm} = 1\ \text{Ws} = 1\ \frac{\text{kg} \cdot \text{m}^2}{\text{s}^2}$$

## Arbeit, Leistung, Wirkungsgrad

### Arbeit, geneigte Ebene (ohne Reibung)

$$W = F_Z \cdot s = F_G \cdot h$$

$s = \frac{F_G \cdot h}{F_Z}$ $\quad F_G = \frac{F_Z \cdot s}{h}$

$h = \frac{F_Z \cdot s}{F_G}$

$F_Z = \frac{W}{s}$ $\quad s = \frac{W}{F_Z}$ $\quad F_Z = \frac{F_G \cdot h}{s}$

$F_G = \frac{W}{h}$ $\quad h = \frac{W}{F_G}$

$F_H = \frac{W}{s}$ $\quad W = F_H \cdot s$

$F_H = F_G \cdot \sin\alpha$

$F_N = F_G \cdot \cos\alpha$

$W = F_G \cdot s \cdot \sin\alpha = F_G \cdot h$

| | | |
|---|---|---|
| $W$ | Arbeit | Nm |
| $F_Z$ | Zugkraft | N |
| $s$ | Weg | m |
| $F_G$ | Gewichtskraft | N |
| $h$ | Höhe | m |
| $\alpha$ | Neigungswinkel | Grad |
| $F_H$ | Hangabtriebskraft | N |
| $F_N$ | Normalkraft | N |

N: Newton

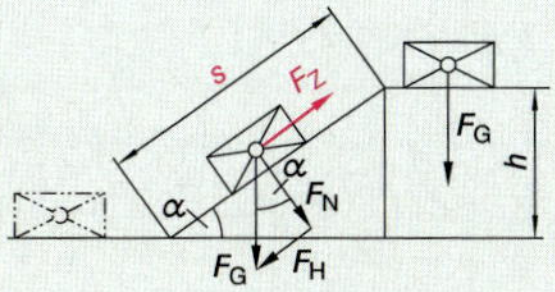


### Arbeit, geneigte Ebene (mit Reibung)

$$W = F_Z \cdot s = F_G \cdot h$$
$$W = (F_H + F_R) \cdot s$$

$F_H = F_G \cdot \sin\alpha$

$F_R = F_G \cdot \mu \cdot \cos\alpha$

$W = F_G \cdot s \cdot (\sin\alpha + \mu \cdot \cos\alpha)$

| | | |
|---|---|---|
| $W$ | Arbeit | Nm |
| $F_Z$ | Zugkraft | N |
| $s$ | Weg | m |
| $F_G$ | Gewichtskraft | N |
| $h$ | Höhe | m |
| $\alpha$ | Neigungswinkel | Grad |
| $F_H$ | Hangabtriebskraft | N |
| $F_R$ | Reibungskraft | N |
| $\mu$ | Gleitreibungszahl | |
| $F_N$ | Normalkraft | N |

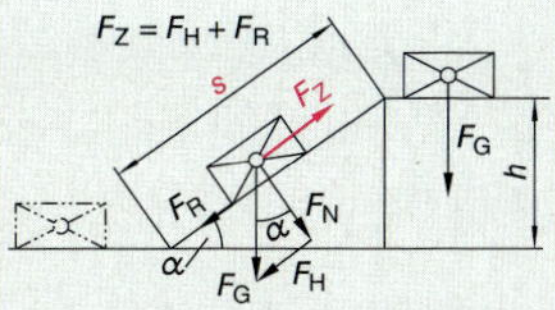


### Stellkeil

$$W = F \cdot s = F_G \cdot h$$

$F = \frac{F_G \cdot h}{s}$ $\quad s = \frac{F_G \cdot h}{F}$

$F_G = \frac{F \cdot s}{h}$ $\quad h = \frac{F \cdot s}{F_G}$

$\tan\alpha = \frac{h}{s}$

$h = s \cdot \tan\alpha$

$s = \frac{h}{\tan\alpha}$

$s = \frac{W}{F}$ $\quad F = \frac{W}{s}$

$F_G = \frac{W}{h}$ $\quad h = \frac{W}{F_G}$

| | | |
|---|---|---|
| $W$ | Arbeit | Nm |
| $F$ | Treibkraft | N |
| $s$ | Treibkraftweg | m |
| $F_G$ | Gewichtskraft | N |
| $F_L$ | Kraft zum Lösen des Keils | N |
| $h$ | Hubweg | m |
| $\alpha$ | Keilwinkel | Grad |
| $\varrho$ | Reibungswinkel | Grad |
| $\mu$ | Gleitreibungszahl | |

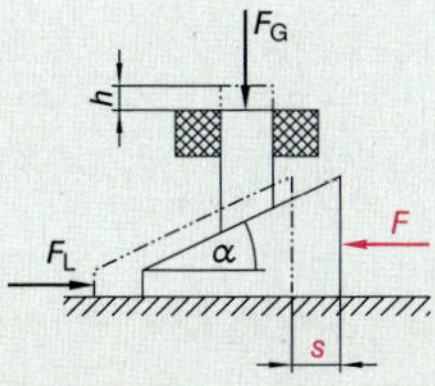


Fortsetzung nächste Seite

## Arbeit, Leistung, Wirkungsgrad

### Stellkeil

Fortsetzung

*Ohne Reibung:*

$$F = F_G \cdot \frac{h}{s}$$

*Mit Reibung:*

$$F = F_G \cdot \tan(\alpha + 2\varrho),\ \text{treiben}$$

$$F_L = F_G \cdot \tan(\alpha - 2\varrho),\ \text{lösen}$$

Selbsthemmung bei

$\alpha \geq 2 \cdot \varrho \qquad \tan\varrho = \mu$

| | | |
|---|---|---|
| $W$ | Arbeit | Nm |
| $F$ | Treibkraft | N |
| $s$ | Treibkraftweg | m |
| $F_G$ | Gewichtskraft | N |
| $F_L$ | Kraft zum Lösen des Keils | N |
| $h$ | Hubweg | m |
| $\alpha$ | Keilwinkel | Grad |
| $\varrho$ | Reibungswinkel | Grad |
| $\mu$ | Gleitreibungszahl | |

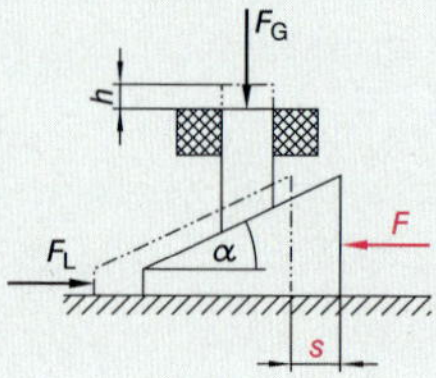


### Schraube, Bolzen

*Arbeit:*

$$W = F_U \cdot d \cdot \pi = \frac{F_G \cdot P}{\eta}$$

*Umfangskraft:*

$$F_U = \frac{W}{d \cdot \pi} = \frac{F_G \cdot P}{d \cdot \pi \cdot \eta}$$

$$d = \frac{W}{F_U \cdot \pi}$$

$$P = \frac{F_U \cdot d \cdot \pi \cdot \eta}{F_G}$$

*Gewichtskraft:*

$$F_G = \frac{W \cdot \eta}{P} = \frac{F_H \cdot 2 \cdot l \cdot \pi \cdot \eta}{P}$$

$$F_G = \frac{F_U \cdot d \cdot \pi \cdot \eta}{P}$$

$$\eta = \frac{F_G \cdot P}{W}$$

$$d = \frac{F_G \cdot P}{\eta \cdot F_U \cdot \pi} \qquad \eta = \frac{F_G \cdot P}{F_U \cdot \pi \cdot d}$$

*Handkraft:*

$$F_H = \frac{F_G \cdot P}{2 \cdot l \cdot \pi \cdot \eta}$$

$$P = \frac{F_H \cdot 2 \cdot l \cdot \pi \cdot \eta}{F_G}$$

$$l = \frac{F_G \cdot P}{F_H \cdot 2 \cdot \pi \cdot \eta}$$

$$\eta = \frac{F_G \cdot P}{F_H \cdot 2 \cdot \pi \cdot l}$$

| | | |
|---|---|---|
| $W$ | Arbeit | Nm |
| $F_U$ | Umfangskraft | N |
| $F_G$ | Gewichtskraft | N |
| $F_H$ | Handkraft | N |
| $d$ | Gewindedurchmesser | mm |
| $P$ | Steigung | mm |
| $l$ | Schlüssellänge | mm |
| $\eta$ | Wirkungsgrad | |

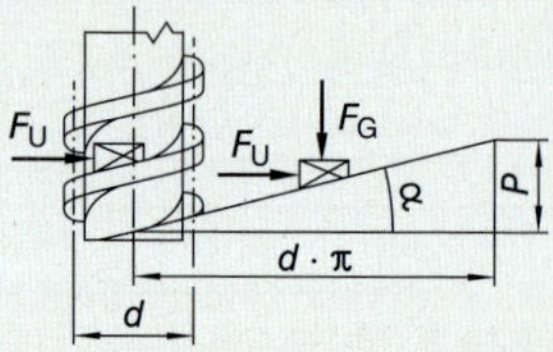


Selbsthemmung bei $\varrho < 6°$

# Arbeit, Leistung, Wirkungsgrad

## Energieerhaltungssatz

$$W_{auf} = W_{ab}$$

$$F_S \cdot s = F_G \cdot h$$

$$F_S \cdot s = G \cdot h$$

Mit Reibung:

$$W_{auf} = \frac{W_{ab}}{\eta}$$

| | | |
|---|---|---|
| $W_{auf}$ | aufgewendete Arbeit | Nm |
| $W_{ab}$ | abgegebene Arbeit | Nm |
| $F_S$ | Seilkraft | N |
| $F_G$, G | Gewichtskraft | N |
| $s$ | Seilweg | m |
| $h$ | Hubweg | m |
| $\eta$ | Wirkungsgrad | |

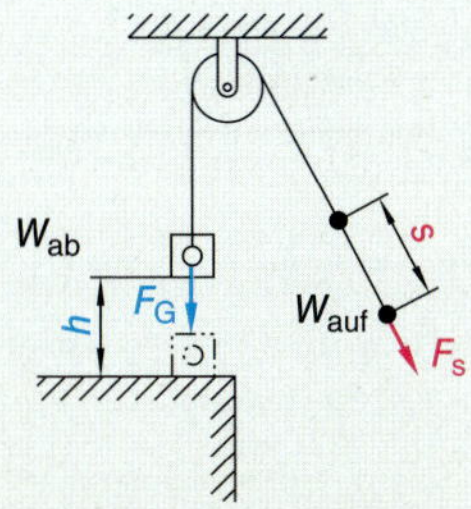


Ohne Berücksichtigung der Reibung gilt, dass der gesamte zugeführte Arbeitsaufwand vollständig in nutzbare Arbeit umgewandelt werden kann.

## Potenzielle Energie

$$W_{pot} = F_G \cdot h \qquad F_G = m \cdot g$$

$$F_G = \frac{W_{pot}}{h} \qquad h = \frac{W_{pot}}{F_G}$$

| | | |
|---|---|---|
| $W_{pot}$ | potenzielle Energie | Nm |
| $F_G$ | Gewichtskraft | N |
| $h$ | Fallhöhe, Hubhöhe | m |
| $m$ | Masse | kg |
| $g$ | Erdbeschleunigung | $\frac{m}{s^2}$ |

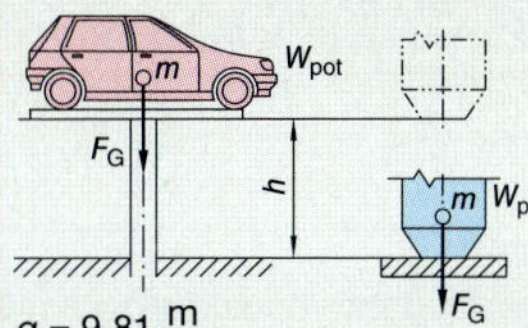


$g = 9{,}81\ \frac{m}{s^2}$

## Spannenergie

$$W_F = \frac{R \cdot s^2}{2} \qquad R = \frac{F}{s}$$

$$s = \sqrt{\frac{W_F \cdot 2}{R}} \qquad R = \frac{W_F \cdot 2}{s^2}$$

$$F = \frac{2 \cdot W_F}{s}$$

| | | |
|---|---|---|
| $W_F$ | Spannenergie | Nm |
| $s$ | Federweg | mm |
| $F$ | Federkraft | N |
| $R$ | Federrate | $\frac{N}{mm}$ |

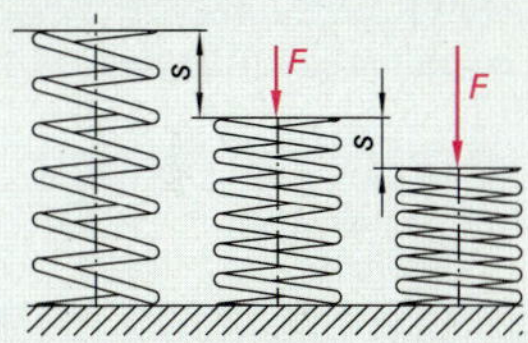


## Kinetische Energie

$$W_{kin} = \frac{m \cdot v^2}{2}$$

$$m = \frac{2 \cdot W_{kin}}{v^2} \qquad v = \sqrt{\frac{2 \cdot W_{kin}}{m}}$$

$$m = \frac{F_G}{g}$$

$$W_{kin} = \frac{F_G \cdot v^2}{2 \cdot g}$$

$$F_G = \frac{W_{kin} \cdot 2 \cdot g}{v^2}$$

$$v = \sqrt{\frac{W_{kin} \cdot 2 \cdot g}{F_G}}$$

| | | |
|---|---|---|
| $W_{kin}$ | kinetische Energie | Nm |
| $m$ | Masse | kg |
| $v$ | Geschwindigkeit | $\frac{m}{s}$ |
| $F_G$ | Gewichtskraft | N |
| $g$ | Fallbeschleunigung | $\frac{m}{s^2}$ |

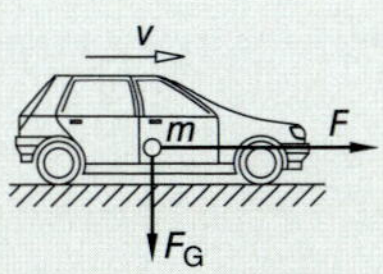

# Arbeit, Leistung, Wirkungsgrad

## Leistung

$$P = \frac{W}{t} = \frac{F \cdot s}{t} = F \cdot v$$

$W = P \cdot t$ $\quad t = \frac{W}{P}$

$F = \frac{P}{v} = \frac{P \cdot t}{s}$ $\quad v = \frac{P}{F}$

$s = \frac{P \cdot t}{F}$ $\quad t = \frac{F \cdot s}{P}$

| | | |
|---|---|---|
| $P$ | Leistung | W |
| $W$ | Arbeit | Ws |
| $F$ | Kraft | N |
| $s$ | Weg | m |
| $t$ | Zeit | s |
| $v$ | Geschwindigkeit | $\frac{m}{s}$ |

W: Watt, N: Newton

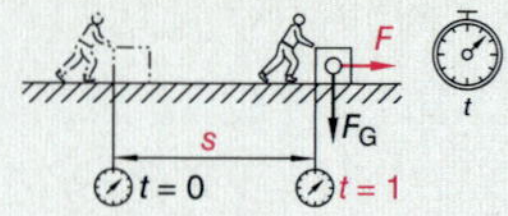


$1\ W = 1\ \frac{Nm}{s} = 1\ \frac{J}{s}$

## Hubleistung

$$P = F_G \cdot v = F_G \cdot \frac{h}{t}$$

$F_G = \frac{P}{v}$ $\quad v = \frac{P}{F_G}$

$$P = \frac{m \cdot g \cdot h}{t} = m \cdot g \cdot v$$

$m = \frac{P \cdot t}{g \cdot h}$ $\quad h = \frac{P \cdot t}{m \cdot g}$

$t = \frac{m \cdot g \cdot h}{P}$ $\quad v = \frac{P}{m \cdot g}$

$m = \frac{P}{g \cdot v}$

| | | |
|---|---|---|
| $P$ | Leistung | W |
| $F_G$ | Gewichtskraft | N |
| $h$ | Hubweg | m |
| $t$ | Zeit | s |
| $v$ | Geschwindigkeit | $\frac{m}{s}$ |
| $m$ | Masse | kg |
| $g$ | Fallbeschleunigung | $\frac{m}{s^2}$ |

W: Watt, N: Newton

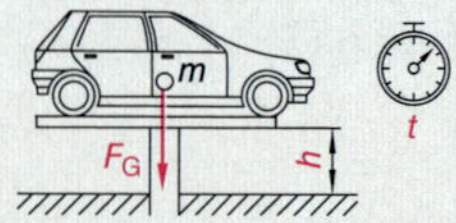


$g = 9{,}81\ \frac{m}{s^2}$

## Zugleistung

$$P = F_Z \cdot v = F_Z \cdot \frac{s}{t}$$

$F_Z = \frac{P \cdot t}{s}$ $\quad s = \frac{P \cdot t}{F_Z}$

$t = \frac{F_Z \cdot s}{P}$

| | | |
|---|---|---|
| $P$ | Leistung | W |
| $F_Z$ | Zugkraft | N |
| $v$ | Geschwindigkeit | $\frac{m}{s}$ |
| $s$ | Weg | m |
| $t$ | Zeit | s |

W: Watt, N: Newton

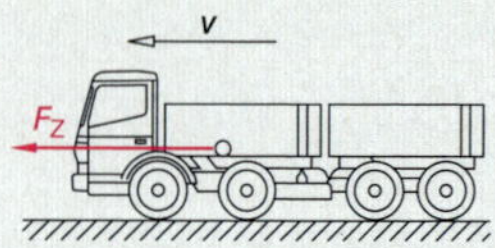


## Getriebeleistung

$$P = F_R \cdot v$$

$F_R = \frac{P}{v}$ $\quad v = \frac{P}{F_R}$

$$P = F_R \cdot d \cdot \pi \cdot n$$

$d = \frac{P}{F_R \cdot \pi \cdot n}$ $\quad F_R = \frac{P}{d \cdot \pi \cdot n}$

$n = \frac{P}{F_R \cdot \pi \cdot d}$

| | | |
|---|---|---|
| $P$ | Leistung | W |
| $F_R$ | Riemenkraft | N |
| $v$ | Geschwindigkeit | $\frac{m}{s}$ |
| $d$ | Durchmesser | m |
| $r$ | Radius | m |
| $n$ | Drehzahl | $\frac{1}{s}$ |

W: Watt, N: Newton

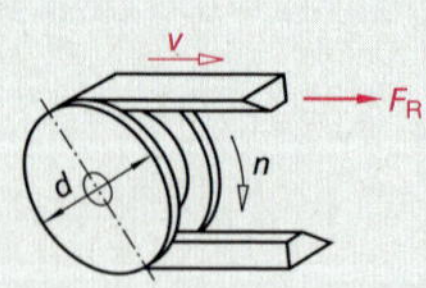


$1\ Nm = 1\ Ws$

$1\ N = 1\ \frac{Ws}{m}$

Fortsetzung nächste Seite

# Arbeit, Leistung, Wirkungsgrad

## Getriebeleistung

Fortsetzung

$$P = M \cdot \omega = M \cdot 2 \cdot \pi \cdot n$$

$M = \frac{P}{\omega} = \frac{P}{2 \cdot \pi \cdot n}$

$\omega = \frac{P}{M}$ $\omega = 2 \cdot \pi \cdot n$

$n = \frac{P}{2 \cdot \pi \cdot M}$

| | | |
|---|---|---|
| $P$ | Leistung | W |
| $F_R$ | Riemenkraft | N |
| $v$ | Geschwindigkeit | $\frac{m}{s}$ |
| $d$ | Durchmesser | m |
| $r$ | Radius | m |
| $n$ | Drehzahl | $\frac{1}{s}$ |
| $M$ | Drehmoment | Nm |
| $\omega$ | Winkelgeschwindigkeit | $\frac{1}{s}$ |

W: Watt, N: Newton

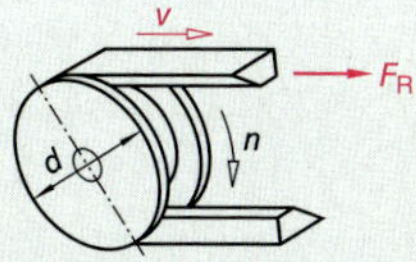


1 Nm = 1 Ws

1 N = 1 $\frac{Ws}{m}$

## Pumpenleistung

$$P = \dot{m} \cdot g \cdot h$$

$\dot{m} = \frac{P}{g \cdot h}$ $h = \frac{P}{\dot{m} \cdot g}$

$$P = \dot{V} \cdot \varrho \cdot g \cdot h$$

$\dot{V} = \frac{P}{\varrho \cdot g \cdot h}$

$h = \frac{P}{\dot{V} \cdot \varrho \cdot g}$ $\varrho = \frac{P}{\dot{V} \cdot g \cdot h}$

$P = \frac{V}{t} \cdot (p_2 - p_1) = \frac{V \cdot \Delta p}{t}$

$V = \frac{P \cdot t}{\Delta p}$

$\Delta p = \frac{P \cdot t}{V}$ $t = \frac{V \cdot \Delta p}{P}$

| | | |
|---|---|---|
| $P$ | Pumpenleistung | W |
| $\dot{m}$ | Massenstrom | $\frac{kg}{s}$ |
| $\dot{V}$ | Volumenstrom | $\frac{dm^3}{s}$ |
| $g$ | Fallbeschleunigung | $\frac{m}{s^2}$ |
| $h$ | Förderhöhe | m |
| $\varrho$ | Dichte | $\frac{kg}{dm^3}$ |
| $V$ | Fördervolumen | $m^3$ |
| $t$ | Zeit | s |
| $p_1, p_2$ | Pumpendruck | $\frac{N}{m^2}$ |

W: Watt, N: Newton

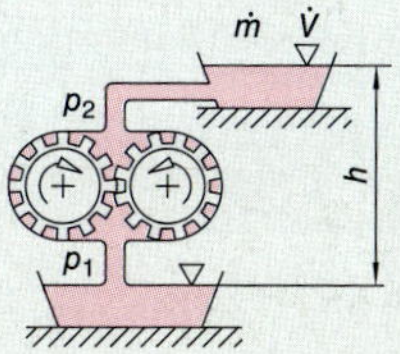


$g = 9{,}81\ \frac{m}{s^2}$

## Schnittleistung

$$P_c = F_c \cdot v_c$$
$$F_c = A \cdot k_c$$
$$P_c = A \cdot k_c \cdot v_c = f \cdot a_p \cdot k_c \cdot v_c$$

$f = \frac{P_c}{a_p \cdot k_c \cdot v_c}$

$a_p = \frac{P_c}{f \cdot k_c \cdot v_c}$

$k_c = \frac{P_c}{f \cdot a_p \cdot v_c}$

$v_c = \frac{P_c}{f \cdot a_p \cdot k_c}$

| | | |
|---|---|---|
| $P_c$ | Schnittleistung | W |
| $F_c$ | Schnittkraft | N |
| $v_c$ | Schnittgeschwindigkeit | $\frac{m}{s}$ |
| $A$ | Spanungsquerschnitt | $mm^2$ |
| $a_p$ | Schnitttiefe | mm |
| $f$ | Vorschub | mm |
| $k_c$ | spezifische Schnittkraft | $\frac{N}{mm^2}$ |

W: Watt, N: Newton

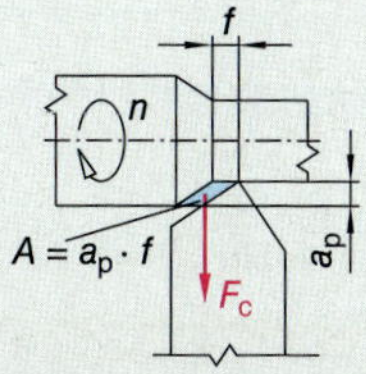

# Arbeit, Leistung, Wirkungsgrad

## Einzelwirkungsgrad

$$\eta = \frac{W_{ab}}{W_{zu}} < 1 \qquad \eta = \frac{P_{ab}}{P_{zu}} < 1$$

$$W_{ab} = \eta \cdot W_{zu} \qquad W_{zu} = \frac{W_{ab}}{\eta}$$

$$P_{ab} = \eta \cdot P_{zu} \qquad P_{zu} = \frac{P_{ab}}{\eta}$$

| | | |
|---|---|---|
| $\eta$ | Wirkungsgrad | |
| $W_{ab}$ | abgegebene Arbeit | Nm, Ws |
| $W_{zu}$ | zugeführte Arbeit | Nm, Ws |
| $P_{ab}$ | abgegebene Leistung | W |
| $P_{zu}$ | zugeführte Leistung | W |

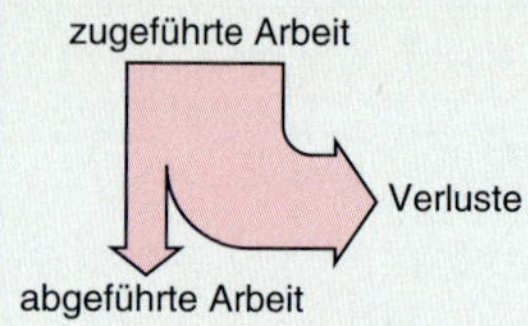


## Gesamtwirkungsgrad

$$P_{M\,ab} = P_{G\,zu}$$

$$\eta_G = \frac{P_{G\,ab}}{P_{G\,zu}} \qquad \eta_M = \frac{P_{M\,ab}}{P_{M\,zu}}$$

$$\eta_{ges} = \frac{P_{G\,ab}}{P_{M\,zu}} \qquad \eta_{ges} = \eta_M \cdot \eta_G$$

| | | |
|---|---|---|
| $\eta_{ges}$ | Gesamtwirkungsgrad | |
| $\eta_M$ | Motorwirkungsgrad | |
| $\eta_G$ | Gesamtwirkungsgrad | |
| $P_{M\,zu}$, $P_{G\,zu}$ | zugeführte Leistung | W |
| $P_{M\,ab}$, $P_{G\,ab}$ | abgeführte Leistung | W |

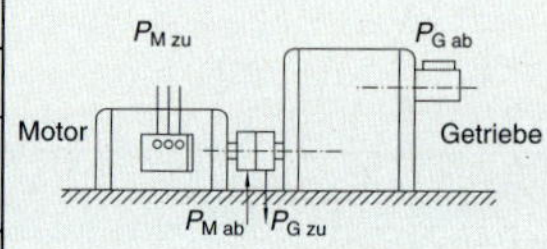


# Antriebe

## Einfacher Riementrieb

$$v = v_1 = v_2$$

$$d_1 \cdot n_1 = d_2 \cdot n_2$$

$$d_1 = \frac{d_2 \cdot n_2}{n_1} \qquad n_1 = \frac{d_2 \cdot n_2}{d_1}$$

$$d_2 = \frac{d_1 \cdot n_1}{n_2} \qquad n_2 = \frac{d_1 \cdot n_1}{d_2}$$

$$i = \frac{n_1}{n_2} = \frac{d_2}{d_1}$$

$$d_2 = i \cdot d_1 \qquad d_1 = \frac{d_2}{i}$$

| | | |
|---|---|---|
| $v$ | Umfangsgeschwindigkeit | $\frac{\text{m}}{\text{min}}$ |
| $d_1$, $d_2$ | Durchmesser | m |
| $n_1$, $n_2$ | Drehzahl | $\frac{1}{\text{min}}$ |
| $i$ | Übersetzungsverhältnis | |

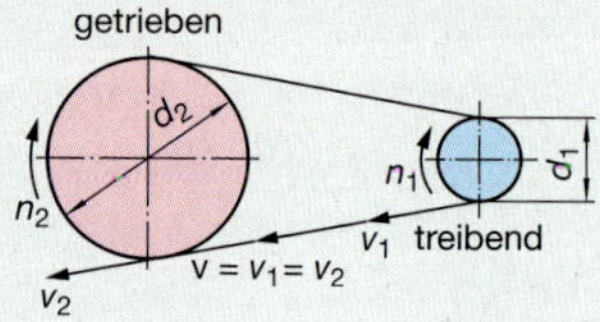


## Mehrfacher Riementrieb

$$d_1 \cdot d_3 \cdot n_1 = d_2 \cdot d_4 \cdot n_4$$

$$n_1 = \frac{d_2 \cdot d_4}{d_1 \cdot d_3} \cdot n_4 \qquad n_4 = \frac{d_1 \cdot d_3}{d_2 \cdot d_4} \cdot n_1$$

$$d_1 = \frac{d_2 \cdot d_4}{d_3 \cdot n_1} \cdot n_4 \qquad d_2 = \frac{d_1 \cdot d_3}{d_4 \cdot n_4} \cdot n_1$$

$$d_3 = \frac{d_2 \cdot d_4}{d_1 \cdot n_1} \cdot n_4 \qquad d_4 = \frac{d_1 \cdot d_3}{d_2 \cdot n_4} \cdot n_1$$

$$i_1 = \frac{d_2}{d_1} = \frac{n_1}{n_2} \qquad i_2 = \frac{d_4}{d_3} = \frac{n_3}{n_4}$$

$$i = i_1 \cdot i_2 = \frac{n_a}{n_e}$$

| | | |
|---|---|---|
| $d$ | Durchmesser | m |
| $n$ | Drehzahl | $\frac{1}{\text{min}}$ |
| $n_a$ | Anfangsdrehzahl | $\frac{1}{\text{min}}$ |
| $n_e$ | Enddrehzahl | $\frac{1}{\text{min}}$ |
| $i$ | Übersetzungsverhältnis | |

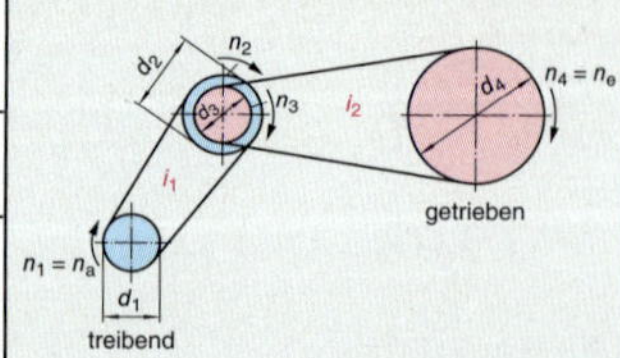

# Antriebe

## Einfacher Zahnradtrieb

$$\frac{n_1}{n_2} = \frac{z_2}{z_1}$$

$$n_1 = n_2 \cdot \frac{z_2}{z_1} \qquad n_2 = n_1 \cdot \frac{z_1}{z_2}$$

$$z_1 = z_2 \cdot \frac{n_2}{n_1} \qquad z_2 = z_1 \cdot \frac{n_1}{n_2}$$

$$i = \frac{n_1}{n_2} = \frac{z_2}{z_1}$$

$$a = \frac{d_1 + d_2}{2} = \frac{m \cdot (z_1 + z_2)}{2}$$

*Innenverzahnung*

$$a = \frac{m \cdot (z_2 - z_1)}{2}$$

| | | |
|---|---|---|
| $d$ | Durchmesser | mm |
| $z$ | Zähnezahl | |
| $n$ | Drehzahl | $\frac{1}{\text{min}}$ |
| $a$ | Achsabstand | mm |
| $i$ | Übersetzungs-verhältnis | |
| $m$ | Modul | mm |

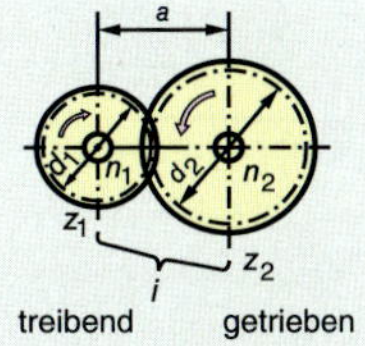


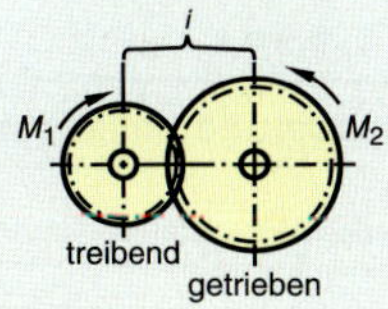


$$M_1 = \frac{M_2}{\eta \cdot i}$$

## Zahnradtrieb, mehrfache Übersetzung

$$z_1 \cdot z_3 \cdot n_1 = z_2 \cdot z_4 \cdot n_4$$

$$n_1 = \frac{z_2 \cdot z_4}{z_1 \cdot z_3} \cdot n_4 \qquad n_4 = \frac{z_1 \cdot z_3}{z_2 \cdot z_4} \cdot n_1$$

$$z_1 = \frac{z_2 \cdot z_4}{z_3 \cdot n_1} \cdot n_4 \qquad z_2 = \frac{z_1 \cdot z_3}{z_4 \cdot n_4} \cdot n_1$$

$$z_3 = \frac{z_2 \cdot z_4}{z_1 \cdot n_1} \cdot n_4 \qquad z_4 = \frac{z_1 \cdot z_3}{z_2 \cdot n_4} \cdot n_1$$

$$i_1 = \frac{z_2}{z_1} = \frac{n_1}{n_2}$$

$$i_2 = \frac{z_4}{z_3} = \frac{n_3}{n_4}$$

$$i = i_1 \cdot i_2 = \frac{n_a}{n_e}$$

$$n_a = i \cdot n_e n_e = \frac{n_a}{i}$$

| | | | | | |
|---|---|---|---|---|---|
| $z$ | Zähnezahl | mm | $n_a$ | Anfangsdrehzahl | $\frac{1}{\text{min}}$ |
| $n$ | Drehzahl | $\frac{1}{\text{min}}$ | $n_e$ | Enddrehzahl | $\frac{1}{\text{min}}$ |
| $i$ | Übersetzungs-verhältnis | $\frac{1}{\text{min}}$ | | | |

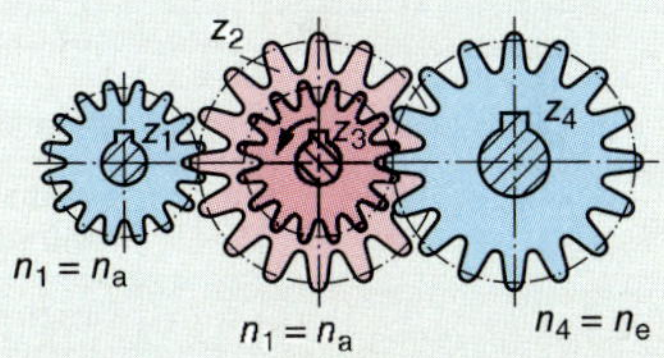


## Schneckentrieb

$$\frac{n_1}{n_2} = \frac{z_2}{z_1} = i$$

$$n_1 = n_2 \cdot \frac{z_2}{z_1} \qquad n_2 = n_1 \cdot \frac{z_1}{z_2}$$

$$z_1 = z_2 \cdot \frac{n_2}{n_1} \qquad z_2 = z_1 \cdot \frac{n_1}{n_2}$$

| | | |
|---|---|---|
| $z_1$ | Gangzahl Schnecke | |
| $z_2$ | Zähnezahl Schneckenrad | |
| $n_1$ | Drehzahl Schnecke | $\frac{1}{\text{min}}$ |
| $n_2$ | Drehzahl Schneckenrad | $\frac{1}{\text{min}}$ |
| $i$ | Übersetzungs-verhältnis | |

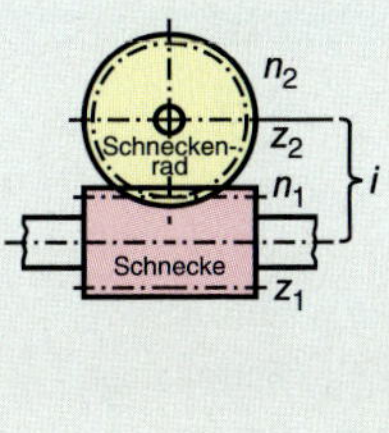

## Antriebe

### Achsabstand, Außenverzahnung

$$a = \frac{m}{2} \cdot (z_1 + z_2)$$

$m = \frac{2 \cdot a}{z_1 + z_2}$  $z_1 = \frac{2 \cdot a}{m} - z_2$

$z_2 = \frac{2 \cdot a}{m} - z_1$

$d_1 = 2 \cdot a - d_2$

$d_2 = 2 \cdot a - d_1$

| | | |
|---|---|---|
| $a$ | Achsabstand | mm |
| $z_1, z_2$ | Zähnezahl | |
| $d_1, d_2$ | Teilkreisdurchmesser | mm |
| $m$ | Modul | mm |

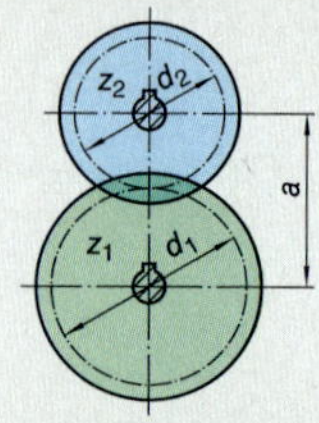


### Achsabstand, Innenverzahnung

$$a = \frac{m}{2} \cdot (z_2 - z_1)$$

$m = \frac{2 \cdot a}{z_2 - z_1}$  $z_1 = z_2 - \frac{2 \cdot a}{m}$

$z_2 = z_1 + \frac{2 \cdot a}{m}$

$$a = \frac{d_2 - d_1}{2}$$

$d_1 = d_2 - 2 \cdot a$

$d_2 = d_1 + 2 \cdot a$

| | | |
|---|---|---|
| $a$ | Achsabstand | mm |
| $z_1, z_2$ | Zähnezahl | |
| $d_1, d_2$ | Teilkreisdurchmesser | mm |
| $m$ | Modul | mm |

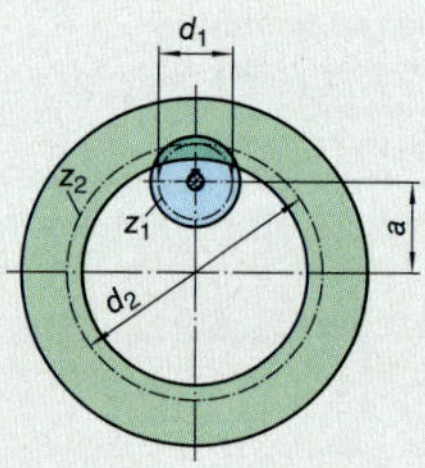


## Fluidtechnik

### Druck, Überdruck

$$p_e = p_{abs} - p_{amb}$$

$p_{abs} = p_e + p_{amb}$

$p_{amb} = p_{abs} - p_e$

$$p = \frac{F}{A}$$

$F = p \cdot A$  $A = \frac{F}{p}$

| | | |
|---|---|---|
| $P_e$ | Überdruck | bar |
| $P_{abs}$ | absoluter Druck | bar |
| $P_{amb}$ | Luftdruck Atmosphäre | bar |
| $p$ | Druck | bar |
| $F$ | Kraft | N |
| $A$ | Fläche | $cm^2$ |

Pa: Pascal, N: Newton

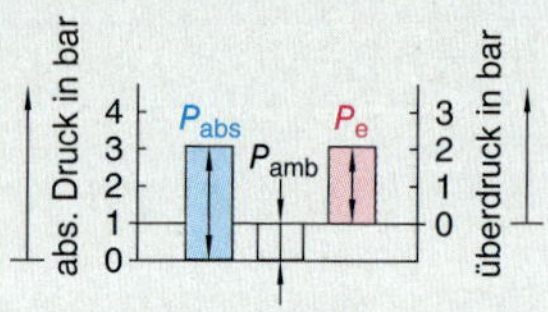


1 mbar = 100 Pa $= 0{,}01\ \frac{N}{cm^2} = 100\ \frac{N}{m^2}$

1 bar = 100000 Pa $= 10\ \frac{N}{cm^2} = 100000\ \frac{N}{m^2}$

### Auftrieb

$$F_A = V \cdot \varrho \cdot g$$

$V = \frac{F_A}{\varrho \cdot g}$  $\varrho = \frac{F_A}{V \cdot g}$

$F_A = F_G$ Schweben

$F_A > F_G$ Schwimmen

$F_A < F_G$ Sinken

| | | |
|---|---|---|
| $F_A$ | Auftriebskraft | N |
| $F_G$ | Gewichtskraft | N |
| $V$ | eingetauchtes Volumen | $m^3$ |
| $\varrho$ | Dichte der Flüssigkeit | $\frac{kg}{m^3}$ |
| $g$ | Fallbeschleunigung | $\frac{m}{s^2}$ |

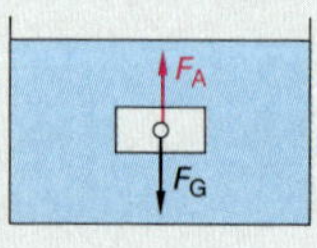


$g = 9{,}81\ \frac{m}{s^2}$

# Fluidtechnik

## Hydrostatischer Druck

$$p = \frac{F_G}{A}$$

$$F_G = p \cdot A \qquad A = \frac{F_G}{p}$$

$$p_x = h_x \cdot \varrho \cdot g$$

$$h_x = \frac{p_x}{\varrho \cdot g} \qquad \varrho = \frac{p_x}{h_x \cdot g}$$

| | | |
|---|---|---|
| $p$ | hydrostatischer Druck | Pa |
| $p_x$ | hydrostatischer Druck in Höhe $h_x$ | Pa |
| $F_G$ | Gewichtskraft | N |
| $A$ | Bodenfläche | $m^2$ |
| $h$ | Höhe der Flüssigkeitssäule | m |
| $\varrho$ | Dichte der Flüssigkeit | $\frac{kg}{m^3}$ |
| $g$ | Fallbeschleunigung | $\frac{m}{s^2}$ |

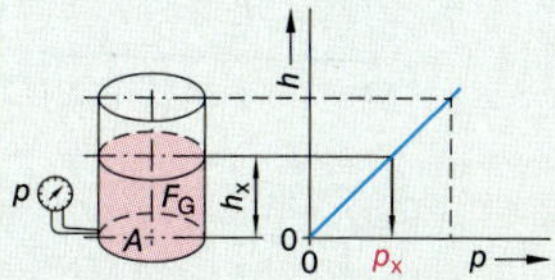


$g = 9{,}81 \frac{m}{s^2}$

$100000\ Pa = 100000 \frac{kg}{m \cdot s^2} = 1\ bar$

## Seitendruckkraft

$$F = \varrho \cdot g \cdot h \cdot A$$

$$\varrho = \frac{F}{g \cdot h \cdot A} \qquad h = \frac{F}{\varrho \cdot g \cdot A}$$

$$A = \frac{F}{\varrho \cdot g \cdot h}$$

| | | |
|---|---|---|
| $p$ | hydrostatischer Druck | Pa |
| $\varrho$ | Dichte der Flüssigkeit | $\frac{kg}{m^3}$ |
| $A$ | Fläche der Öffnung | $m^2$ |
| $h$ | Höhe der Flüssigkeit | m |
| $F$ | Kraft | N |

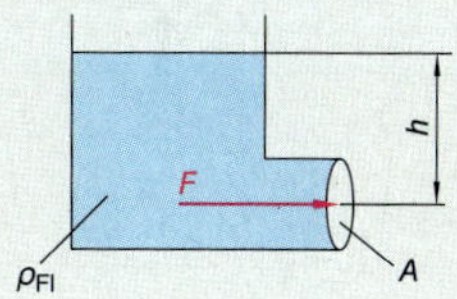


$100000\ Pa = 100000 \frac{kg}{m \cdot s^2} = 1\ bar$

## Flüssigkeitspresse

$$F = \varrho \cdot g \cdot h \cdot A$$

$$\varrho = \frac{F}{g \cdot h \cdot A} \qquad h = \frac{F}{\varrho \cdot g \cdot A}$$

$$A = \frac{F}{\varrho \cdot g \cdot h}$$

| | | |
|---|---|---|
| $F$ | Kraft | N |
| $\varrho$ | Dichte der Flüssigkeit | $\frac{kg}{m^3}$ |
| $h$ | Höhendifferenz | m |
| $A$ | Fläche | $m^2$ |

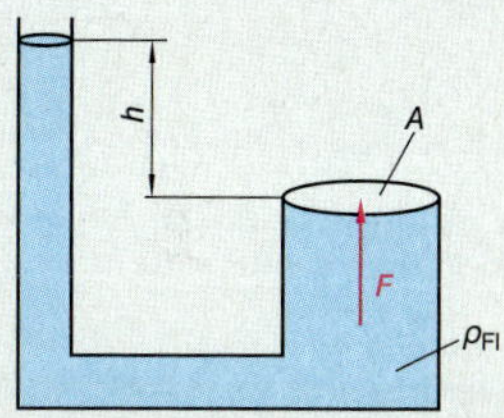


## Allgemeine Gasgleichung

$$\frac{p_{abs\,1} \cdot V_1}{T_1} = \frac{p_{abs\,2} \cdot V_2}{T_2}$$

$$p_{abs\,1} = \frac{p_{abs\,2} \cdot V_2 \cdot T_1}{V_1 \cdot T_2}$$

$$p_{abs\,2} = \frac{p_{abs\,1} \cdot V_1 \cdot T_2}{T_1 \cdot V_2}$$

$$V_1 = \frac{p_{abs\,2} \cdot V_2 \cdot T_1}{p_{abs\,1} \cdot T_2}$$

$$V_2 = \frac{p_{abs\,1} \cdot V_1 \cdot T_2}{p_{abs\,2} \cdot T_1}$$

| | | |
|---|---|---|
| $p_{abs\,1}$ | Gasdruck (absolut) | bar |
| $p_{abs\,2}$ | Gasdruck, bezogen auf den Zustand 1 bzw. 2 | bar |
| $V$ | Volumen | $m^3$ |
| $V_1$, $V_2$ | Volumen im Zustand 1 bzw. 2 | $m^3$ |
| $T$ | Temperatur | K |
| $T_1$, $T_2$ | Temperatur im Zustand 1 bzw. 2 | K |

K: Kelvin

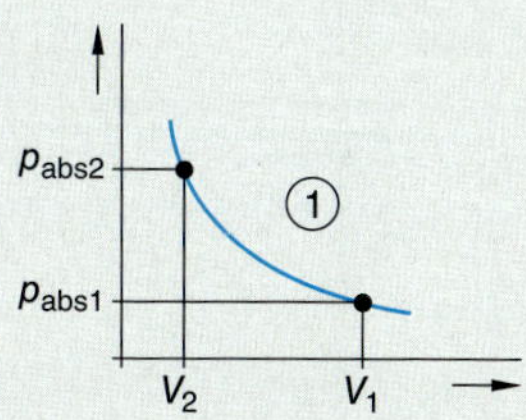


$1\ bar = 100000\ Pa = 10 \frac{N}{cm^2} = 100000 \frac{N}{m^2}$

Fortsetzung nächste Seite

# Fluidtechnik

## Allgemeine Gasgleichung

Fortsetzung

$$T_1 = \frac{p_{abs\,1} \cdot V_1 \cdot T_2}{p_{abs\,2} \cdot V_2}$$

$$T_2 = \frac{p_{abs\,2} \cdot V_2 \cdot T_1}{p_{abs\,1} \cdot V_1}$$

| | | |
|---|---|---|
| $p_{abs\,1}$ | Gasdruck (absolut) | bar |
| $p_{abs\,2}$ | Gasdruck, bezogen auf den Zustand 1 bzw. 2 | bar |
| $V$ | Volumen | $m^3$ |
| $V_1$, $V_2$ | Volumen im Zustand 1 bzw. 2 | $m^3$ |
| $T$ | Temperatur | K |
| $T_1$, $T_2$ | Temperatur im Zustand 1 bzw. 2 | K |

K: Kelvin

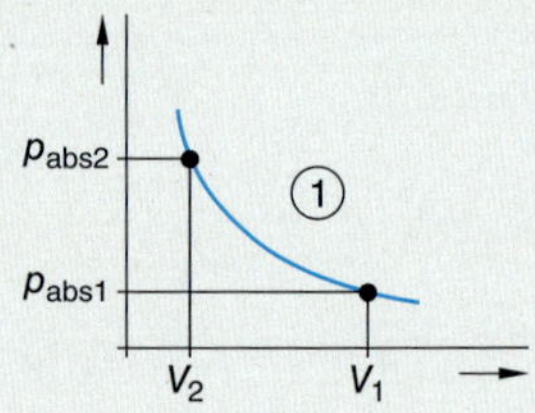


1 bar = 100 000 Pa $= 10\,\frac{N}{cm^2} = 100\,000\,\frac{N}{m^2}$

## Gesetz von Boyle-Mariotte (isothermischer Vorgang)

$T_1 = T_2$ (konstante Temperatur)

$$\frac{p_{abs\,2}}{p_{abs\,1}} = \frac{V_1}{V_2}$$

$$p_{abs\,1} = \frac{p_{abs\,2} \cdot V_2}{V_1}$$

$$p_{abs\,2} = \frac{p_{abs\,1} \cdot V_1}{V_2}$$

$$V_1 = \frac{p_{abs\,2} \cdot V_2}{p_{abs\,1}}$$

$$V_2 = \frac{p_{abs\,1} \cdot V_1}{p_{abs\,2}}$$

| | | |
|---|---|---|
| $T$ | Temperatur | K |
| $p_{abs\,1}$ | Gasdruck (absolut) | bar |
| $p_{abs\,2}$ | Gasdruck, bezogen auf den Zustand 1 bzw. 2 | bar |
| $V_1$, $V_2$ | Volumen im Zustand 1 bzw. 2 | $m^3$ |

1 bar = 100 000 Pa $= 10\,\frac{N}{cm^2} = 100\,000\,\frac{N}{m^2}$

## Gesetz von Boyle-Mariotte (isochorer Vorgang)

$V_1 = V_2$ (konstantes Volumen)

$$\frac{p_{abs\,2}}{p_{abs\,1}} = \frac{T_2}{T_1}$$

$$p_{abs\,1} = \frac{p_{abs\,2} \cdot T_1}{T_2}$$

$$p_{abs\,2} = \frac{p_{abs\,1} \cdot T_2}{T_1}$$

$$T_1 = \frac{p_{abs\,1} \cdot T_2}{p_{abs\,2}}$$

$$T_2 = \frac{p_{abs\,2} \cdot T_1}{p_{abs\,1}}$$

| | | |
|---|---|---|
| $V$ | Volumen | $m^3$ |
| $p_{abs\,1}$ | Gasdruck (absolut) | bar |
| $p_{abs\,2}$ | Gasdruck, bezogen auf den Zustand 1 bzw. 2 | bar |
| $T_1$, $T_2$ | Temperatur im Zustand 1 bzw. 2 | K |

K: Kelvin

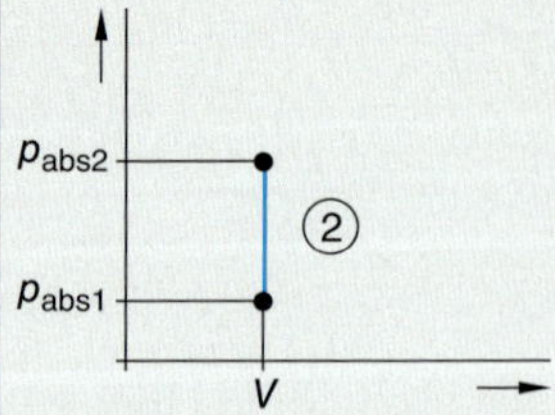


1 bar = 100 000 Pa $= 10\,\frac{N}{cm^2} = 100\,000\,\frac{N}{m^2}$

# Fluidtechnik

## Gesetz von Gay-Lussac (isobarer Vorgang)

$p_{abs\,1} = p_{abs\,2}$ (konstanter Druck)

$$\frac{V_2}{V_1} = \frac{T_2}{T_1}$$

$$V_1 = \frac{V_2 \cdot T_1}{T_2} \qquad V_2 = \frac{V_1 \cdot T_2}{T_1}$$

$$T_1 = \frac{V_1 \cdot T_2}{V_2} \qquad T_2 = \frac{V_2 \cdot T_1}{V_1}$$

| | | |
|---|---|---|
| $p_{abs\,1}$ | Gasdruck (absolut) | bar |
| $p_{abs\,2}$ | Gasdruck | bar |
| $V_1$, $V_2$ | Volumen im Zustand 1 bzw. 2 | $m^3$ |
| $T_1$, $T_2$ | Temperatur im Zustand 1 bzw. 2 | K |

K: Kelvin

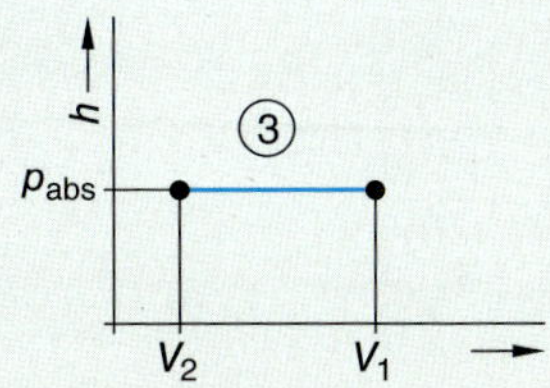


1 bar = 100000 Pa
$= 10 \, \frac{N}{cm^2} = 100000 \, \frac{N}{m^2}$

## Kolbenpressung

$$p = \frac{F}{A} = \frac{4 \cdot F}{d^2 \cdot \pi}$$

$$A = d^2 \cdot \frac{\pi}{4}$$

$$F = \frac{p \cdot d^2 \cdot \pi}{4} \qquad d = \sqrt{\frac{4 \cdot F}{p \cdot \pi}}$$

$$F = p \cdot A \cdot \eta$$

$$p = \frac{F}{A \cdot \eta} \qquad A = \frac{F}{p \cdot \eta} \qquad \eta = \frac{F}{p \cdot A}$$

| | | |
|---|---|---|
| $p$ | Druck | $\frac{N}{cm^2}$ |
| $F$ | Kolbenkraft | N |
| $A$ | Kolbenfläche | $cm^2$ |
| $d$ | Kolbendurchmesser | cm |
| $\eta$ | Wirkungsgrad des Zylinders | |

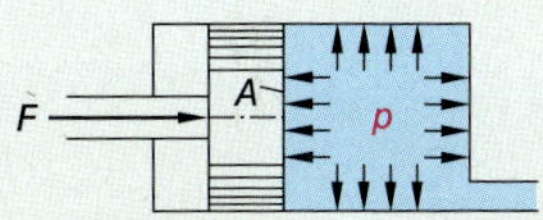


1 bar = 100000 Pa
$= 10 \, \frac{N}{cm^2} = 100000 \, \frac{N}{m^2}$

## Hydraulische Presse

$$\frac{F_1}{F_2} = \frac{A_1}{A_2} = \frac{d_1^2}{d_2^2}$$

$$F_1 = \frac{F_2 \cdot A_1}{A_2} \qquad F_2 = \frac{F_1 \cdot A_2}{A_1}$$

$$F_1 = \frac{F_2 \cdot d_1^2}{d_2^2} \qquad F_2 = \frac{F_1 \cdot d_2^2}{d_1^2}$$

$$A_1 = \frac{F_1 \cdot A_2}{F_2} \qquad A_2 = \frac{F_1 \cdot A_2}{F_2}$$

$$\frac{F_1}{F_2} = \frac{s_2}{s_1}$$

$$F_1 \cdot s_1 = F_2 \cdot s_2$$

$$F_1 = \frac{F_2 \cdot s_2}{s_1} \qquad F_2 = \frac{F_1 \cdot s_1}{s_2}$$

$$s_1 = \frac{F_2 \cdot s_2}{F_1} \qquad s_2 = \frac{F_1 \cdot s_1}{F_2}$$

$$i = \frac{F_1}{F_2} = \frac{s_2}{s_1} = \frac{A_1}{A_2}$$

| | | |
|---|---|---|
| $F_1$, $F_2$ | Kolbenkräfte | N |
| $A_1$, $A_2$ | Kolbenflächen | $cm^2$ |
| $d_1$, $d_2$ | Kolben-durchmesser | cm |
| $s_1$, $s_2$ | Kolbenwege (Hub) | cm |
| $i$ | Übersetzungs-verhältnis | |

$$F_2 = \frac{F_1}{i} \qquad F_1 = i \cdot F_2$$

$$s_1 = \frac{s_2}{i}$$

$$s_2 = i \cdot s_1 \qquad A_2 = \frac{A_1}{i}$$

$$A_1 = i \cdot A_2$$

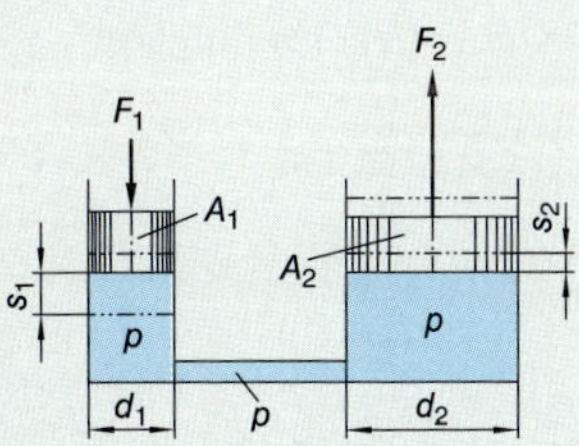

# Fluidtechnik

## Druckübersetzer

$$\frac{p_1}{p_2} = \frac{A_2}{A_1} \qquad p_1 \cdot A_1 = p_2 \cdot A_2$$

$$p_1 = \frac{A_2 \cdot p_2}{A_1} \qquad p_2 = \frac{A_1 \cdot p_1}{A_2}$$

$$A_1 = \frac{A_2 \cdot p_2}{p_1} \qquad A_2 = \frac{A_1 \cdot p_1}{p_2}$$

| | | |
|---|---|---|
| $p_1, p_2$ | Druck | $\frac{\text{N}}{\text{cm}^2}$ |
| $A_1, A_2$ | Kolbenfläche | $\text{cm}^2$ |

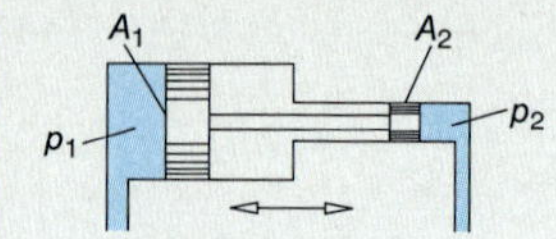


$1\ \text{bar} = 100\,000\ \text{Pa}$
$= 10\ \frac{\text{N}}{\text{cm}^2} = 100\,000\ \frac{\text{N}}{\text{m}^2}$

## Strömung in Rohren

$$v = \frac{\dot{V}}{A}$$

$$\dot{V} = v \cdot A \qquad A = \frac{\dot{V}}{v}$$

$$v_1 = \frac{\dot{V}_1}{A_1} \qquad v_2 = \frac{\dot{V}_2}{A_2}$$

$$\dot{V}_1 = v_1 \cdot A_1 \qquad A_1 = \frac{\dot{V}_1}{v_1}$$

$$\frac{v_1}{v_2} = \frac{A_2}{A_1}$$

*Gase (kompressibel)*

$$\dot{m}_1 = \dot{m}_2$$

$$A_1 \cdot v_1 \cdot \varrho_1 = A_2 \cdot v_2 \cdot \varrho_2$$

*Kontinuitätsgleichung*

$$v_1 \cdot A_1 = v_2 \cdot A_2$$

$$A_1 = \frac{A_2 \cdot v_2}{v_1} \qquad A_2 = \frac{A_1 \cdot v_1}{v_2}$$

| | | |
|---|---|---|
| $v$ | Strömungsgeschwindigkeit | $\frac{\text{cm}}{\text{s}}$ |
| $v_1, v_2$ | Strömungsgeschwindigkeit in den Querschnitten $A_1, A_2$ | $\frac{\text{cm}}{\text{s}}$ |
| $\dot{V}$ | Volumenstrom | $\frac{\text{cm}^3}{\text{s}}$ |
| $\dot{V}_1, \dot{V}_2$ | Volumenstrom in den Querschnitten $A_1, A_2$ | $\frac{\text{cm}^3}{\text{s}}$ |
| $A$ | Querschnittsfläche | $\text{cm}^2$ |
| $A_1, A_2$ | Querschnittsflächen | $\text{cm}^3$ |
| $s_1, s_2$ | Wege | cm |

$$v_1 = \frac{A_2 \cdot v_2}{A_1} \qquad v_2 = \frac{A_1 \cdot v_1}{A_2}$$

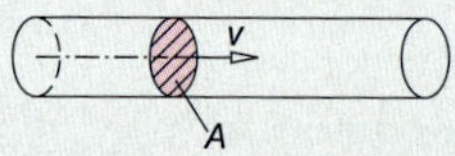


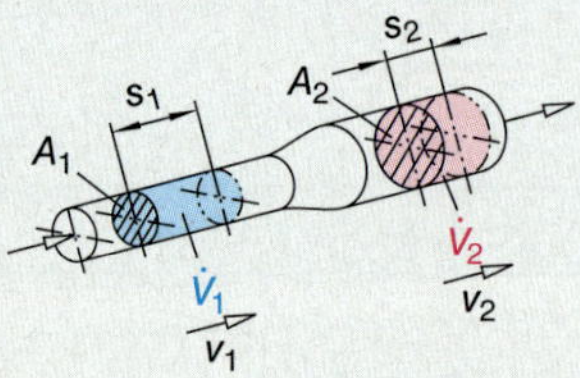


## Kolbengeschwindigkeit

$$v = \frac{s}{t} \qquad s = \frac{V}{A} \qquad v = \frac{V}{A \cdot t}$$

$$\dot{V} = \frac{V}{t} = \frac{A \cdot s}{t} \qquad v = \frac{\dot{V}}{A}$$

$$v_1 = \frac{\dot{V}}{A_1} \qquad v_2 = \frac{\dot{V}}{A_2}$$

$$A_1 = \frac{\dot{V}}{v_1} \qquad \dot{V} = v_1 \cdot A_1$$

$$\dot{V} = v_2 \cdot A_2 \qquad A_2 = \frac{\dot{V}}{v_2}$$

$$v_1 \cdot A_1 = v_2 \cdot A_2 \qquad \dot{V} = \dot{V}_1 = \dot{V}_2$$

$$A_1 > A_2 \longrightarrow v_1 < v_2$$

| | | |
|---|---|---|
| $v$ | Kolbengeschwindigkeit | $\frac{\text{cm}}{\text{s}}$ |
| $v_1, v_2$ | Kolbengeschwindigkeit (Vorhub, Rückhub) | $\frac{\text{cm}}{\text{s}}$ |
| $V$ | Volumen | $\text{cm}^3$ |
| $\dot{V}$ | Volumenstrom | $\frac{\text{cm}^3}{\text{s}}$ |
| $A$ | Kolbenfläche | $\text{cm}^2$ |
| $t$ | Zeit | s |
| $s$ | Weg | cm |

*Kolben einseitig beaufschlagt*

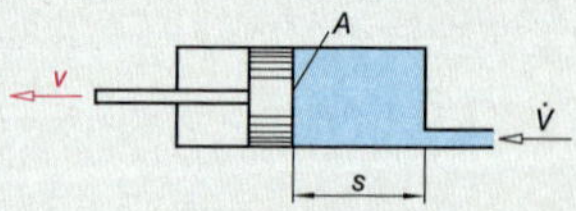


*Kolben beidseitig beaufschlagt*

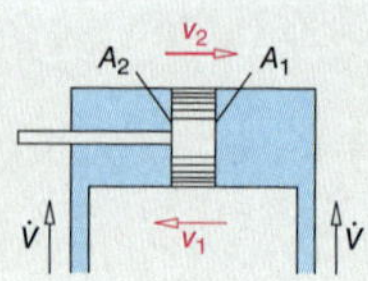

# Fluidtechnik

## Einfach wirkender Zylinder

$$Q = q \cdot s \cdot n$$

$$Q = A \cdot s \cdot n \cdot \frac{p_e + p_{amb}}{p_{amb}}$$

$$s = \frac{Q}{n \cdot q} \quad n = \frac{Q}{s \cdot q} \quad q = \frac{Q}{s \cdot n}$$

$$s = \frac{Q}{A \cdot n \cdot \frac{p_e + p_{amb}}{p_{amb}}}$$

$$n = \frac{Q}{s \cdot A \cdot \frac{p_e + p_{amb}}{p_{amb}}}$$

$$A = \frac{Q}{s \cdot n \cdot \frac{p_e + p_{amb}}{p_{amb}}}$$

| | | |
|---|---|---|
| $Q$ | Luftverbrauch | $\frac{l}{min}$ |
| $q$ | spezifischer Luftverbrauch pro cm Kolbenweg | $\frac{l}{cm}$ |
| $A$ | Kolbenfläche | $cm^2$ |
| $s$ | Kolbenweg (Hub) | cm |
| $n$ | Anzahl der Kolbenwege | $\frac{1}{min}$ |
| $p_{amb}$ | Luftdruck | bar |
| $p_e$ | Arbeitsdruck | bar |

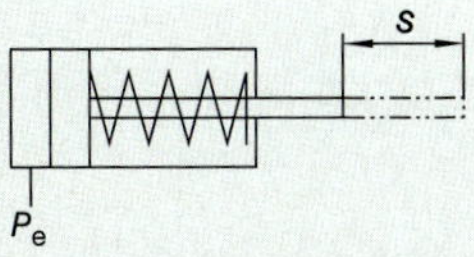


1 bar = 100000 Pa $= 10\ \frac{N}{cm^2} = 100000\ \frac{N}{m^2}$

## Spezifischer Luftverbrauch

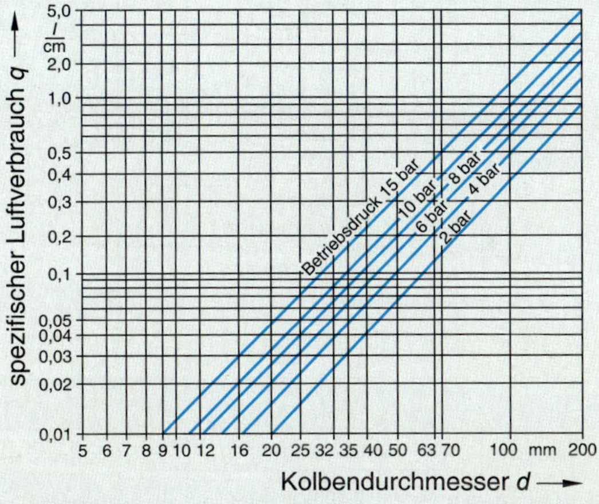


## Doppelt wirkender Zylinder

$$Q = 2 \cdot q \cdot s \cdot n$$

$$\approx 2 \cdot A \cdot s \cdot n \cdot \frac{p_e + p_{amb}}{p_{amb}}$$

$$s = \frac{Q}{2 \cdot n \cdot q} \quad n = \frac{Q}{2 \cdot s \cdot q}$$

$$q = \frac{Q}{2 \cdot s \cdot n}$$

| | | |
|---|---|---|
| $Q$ | Luftverbrauch | $\frac{l}{min}$ |
| $q$ | spezifischer Luftverbrauch pro cm Kolbenweg | $\frac{l}{cm}$ |
| $A$ | Kolbenfläche | $cm^2$ |
| $s$ | Kolbenweg (Hub) | cm |
| $n$ | Anzahl der Kolbenwege | $\frac{1}{min}$ |
| $p_{amb}$ | Luftdruck | bar |
| $p_e$ | Arbeitsdruck | bar |

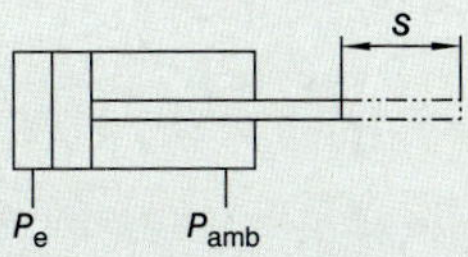


Fortsetzung nächste Seite

# Fluidtechnik

## Doppelt wirkender Zylinder

Fortsetzung

$$s = \frac{Q}{2 \cdot n \cdot A \cdot \frac{p_e + p_{amb}}{p_{amb}}}$$

$$n = \frac{Q}{2 \cdot s \cdot A \cdot \frac{p_e + p_{amb}}{p_{amb}}}$$

$$A = \frac{Q}{2 \cdot s \cdot n \cdot \frac{p_e + p_{amb}}{p_{amb}}}$$

| | | |
|---|---|---|
| $Q$ | Luftverbrauch | $\frac{l}{min}$ |
| $q$ | spezifischer Luftverbrauch pro cm Kolbenweg | $\frac{l}{cm}$ |
| $A$ | Kolbenfläche | $cm^2$ |
| $s$ | Kolbenweg (Hub) | cm |
| $n$ | Anzahl der Kolbenwege | $\frac{1}{min}$ |
| $p_{amb}$ | Luftdruck | bar |
| $p_e$ | Arbeitsdruck | bar |

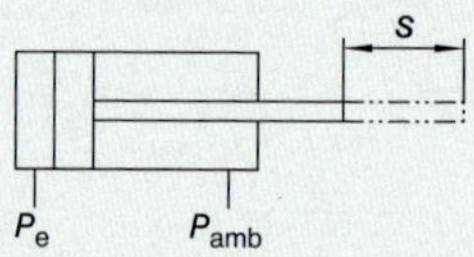


1 bar = 100 000 Pa $= 10 \frac{N}{cm^2} = 100\,000 \frac{N}{m^2}$

## Kolbenkräfte

*Ausfahren der Zylinderstange*

$$A_1 = \frac{d_1^2 \cdot \pi}{4}$$

$$d_1 = \sqrt{\frac{4 \cdot F_1}{\pi \cdot \eta \cdot p_e}}$$

$$F_1 = p_e \cdot A_1 \cdot \eta$$

*Einfahren der Zylinderstange*

$$A_2 = \frac{(d_1^2 - d_2^2) \cdot \pi}{4}$$

$$d_2 = \sqrt{d_1^2 - \frac{4 \cdot F_2}{p_e \cdot \pi \cdot \eta}}$$

$$F_2 = p_e \cdot A_2 \cdot \eta$$

| | | |
|---|---|---|
| $p_e$ | Arbeitsdruck | bar |
| $A_1, A_2$ | Kolbenflächen | $cm^2$ |
| $F_1$ | Kraft beim Ausfahren | N |
| $F_2$ | Kraft beim Einfahren | N |
| $d_1$ | Kolbendurchmesser | cm |
| $d_2$ | Kolbenstangendurchmesser | cm |
| $\eta$ | Wirkungsgrad | |

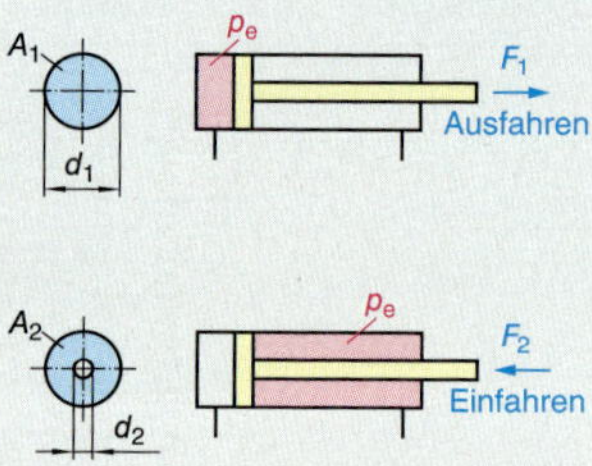


1 bar $= 10 \frac{N}{cm^2} = 0{,}1 \frac{N}{mm^2}$

## Hydraulische Leistung

$$P_{ab} = \dot{V} \cdot p \cdot \eta = v \cdot A \cdot p \cdot \eta$$

$$P_{ab} = F \cdot v \cdot \eta$$

$$F = \frac{P_{ab}}{v \cdot \eta} \qquad \dot{V} = \frac{P_{ab}}{p \cdot \eta}$$

$$v = \frac{P_{ab}}{F \cdot \eta} \qquad p = \frac{P_{ab}}{\dot{V} \cdot \eta}$$

$$P_{zu} = \frac{\dot{V} \cdot p}{\eta} = \frac{v \cdot A \cdot p}{\eta} = \frac{F \cdot v}{\eta}$$

$$F = \frac{P_{zu} \cdot \eta}{v} \qquad \dot{V} = \frac{P_{zu} \cdot \eta}{p}$$

$$v = \frac{P_{zu} \cdot \eta}{F} \qquad p = \frac{P_{zu} \cdot \eta}{\dot{V}}$$

| | | |
|---|---|---|
| $P$ | Leistung | W |
| $\dot{V}$ | Volumenstrom | $\frac{m^3}{s}$ |
| $p$ | Druck | $\frac{N}{m^2}$ |
| $F$ | Kraft | N |
| $v$ | Kolbengeschwindigkeit | $\frac{m}{s}$ |
| $\eta$ | Wirkungsgrad | |
| $A$ | Kolbenfläche | $m^2$ |

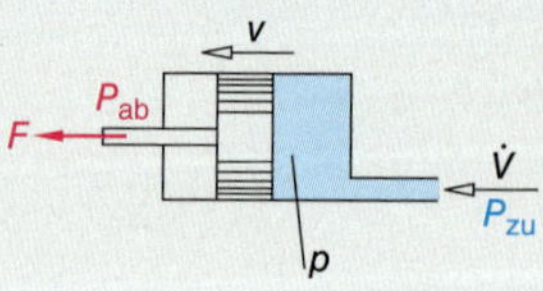


1 bar $= 10 \frac{N}{cm^2} = 0{,}1 \frac{N}{mm^2}$

# Wärme

## Temperatur

$t = T - 273\ °C$

$T = t + 273\ °C$

0 K = −273 °C

| | | |
|---|---|---|
| $t$ | Temperatur | °C |
| $T$ | thermodynamische Temperatur | K |
| K: Kelvin | | |

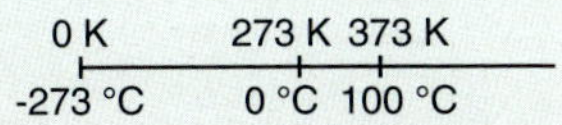


Für die Temperatur wird auch das Formelzeichen $\vartheta$ verwendet.

## Längenänderung

*Erwärmung*

$l = l_0 + \Delta l$

*Abkühlung*

$l = l_0 - \Delta l$

$\Delta l = l_0 \cdot \alpha_l \cdot \Delta t$

$\Delta t = t_2 - t_1$

$l_0 = \frac{\Delta l}{\alpha_l \cdot \Delta t}$ $\qquad \alpha_l = \frac{\Delta l}{l_0 \cdot \Delta t}$

$\Delta t = \frac{\Delta l}{l_0 \cdot \alpha_l}$

| | | |
|---|---|---|
| $l$ | Länge nach Temperaturveränderung | mm |
| $l_0$ | Ausgangslänge | mm |
| $\Delta l$ | Längenänderung | mm |
| $\alpha_l$ | Längenausdehnungskoeffizient | $\frac{1}{K}$ |
| $t_1$ | Temperatur vor Erwärmung | °C |
| $t_2$ | Temperatur nach Erwärmung | °C |
| $\Delta t$ | Temperaturdifferenz | K |

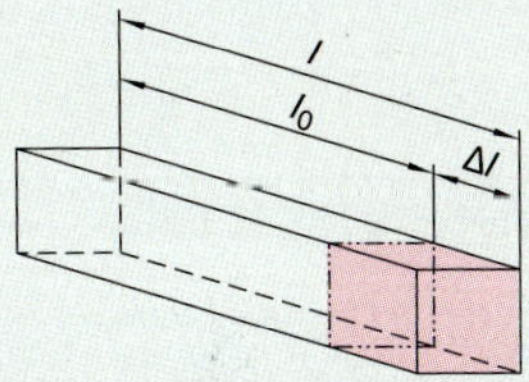


Temperaturdifferenz wird auch mit $\Delta T$ oder $\Delta\vartheta$ bezeichnet.

## Volumenänderung

$\Delta V = V_0 \cdot \alpha_V \cdot (t_2 - t_1)$

$\Delta t = t_2 - t_1$

$\Delta V = V_0 \cdot \alpha_V \cdot \Delta t$

$V_0 = \frac{\Delta V}{\alpha_V \cdot \Delta t}$ $\qquad \alpha_V = \frac{\Delta V}{V_0 \cdot \Delta t}$

$\Delta t = \frac{\Delta V}{V_0 \cdot \alpha_V}$

| | | |
|---|---|---|
| $\Delta V$ | Volumenänderung | $cm^3$ |
| $V_0$ | Anfangsvolumen | $cm^3$ |
| $\gamma_V$ | Volumenausdehnungskoeffizient | $\frac{1}{K}$ |
| $t_1$ | Temperatur vor Erwärmung | °C |
| $t_2$ | Temperatur nach Erwärmung | °C |
| $\Delta t$ | Temperaturdifferenz | K |

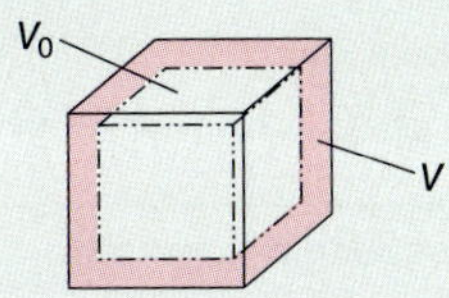


*Feste Stoffe:*

$\gamma_V \approx 3 \cdot \alpha_L$

$1\ l = 1\ dm^3 = 1000\ cm^3 = 0{,}001\ m^3$

Temperaturdifferenz wird auch mit $\Delta T$ oder $\Delta\vartheta$ bezeichnet.

## Wärmemenge

$Q = m \cdot c \cdot \Delta T$

$Q = m \cdot c \cdot (t_2 - t_1)$

$\Delta T = t_2 - t_1$

$m = \frac{Q}{c \cdot \Delta T}$ $\qquad c = \frac{Q}{m \cdot \Delta T}$

$\Delta T = \frac{Q}{c \cdot m}$

| | | |
|---|---|---|
| $Q$ | Wärmemenge | kJ |
| $m$ | Masse | kg |
| $c$ | spezifische Wärmekapazität | $\frac{kJ}{kg \cdot K}$ |
| $t_1$ | Temperatur vor Erwärmung | °C |
| $t_2$ | Temperatur nach Erwärmung | °C |
| $\Delta T$ | Temperaturdifferenz | K |

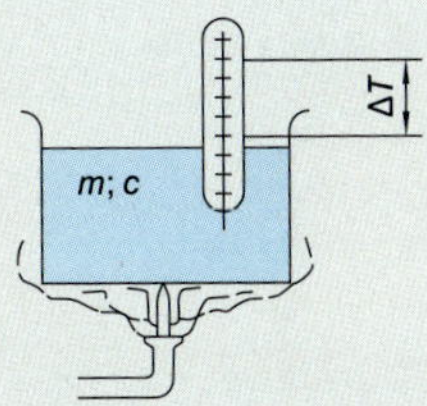


1 Nm = 1 J = 1 Ws

$1\ kWh = 3{,}6 \cdot 10^6\ J = 3600\ kJ$

Temperaturdifferenz wird auch mit $\Delta t$ oder $\Delta\vartheta$ bezeichnet.

# Wärme

## Schmelz- und Verdampfungswärme

*Schmelzwärme*

$$Q_s = q_s \cdot m$$

$$m = \frac{Q_s}{q_s} \qquad q_s = \frac{Q_s}{m}$$

*Verdampfungswärme*

$$Q_v = q_v \cdot m$$

$$m = \frac{Q_v}{q_v} \qquad q_v = \frac{Q_v}{m}$$

| | | |
|---|---|---|
| $Q_s$ | Schmelzwärme | kJ |
| $Q_v$ | Verdampfungswärme | kJ |
| $q_s$ | spezifische Schmelzwärme | $\frac{kJ}{kg}$ |
| $q_v$ | spezifische Verdampfungswärme | $\frac{kJ}{kg}$ |
| $m$ | Masse | kg |

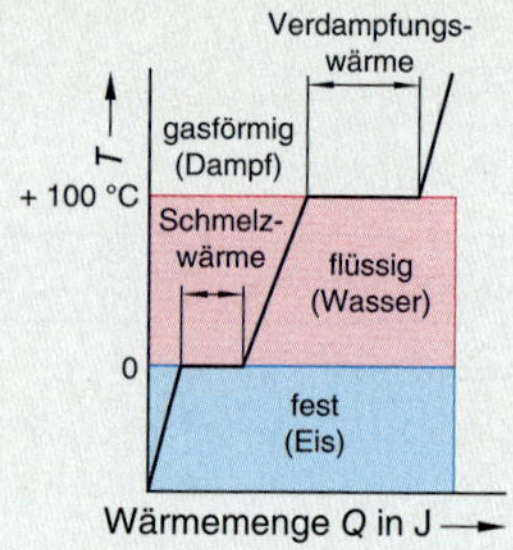


## Verbrennungswärme

*Feste und flüssige Stoffe*

$$Q = m \cdot H_U$$

$$m = \frac{Q}{H_U} \qquad H_U = \frac{Q}{m}$$

*Gasförmige Stoffe*

$$Q = V \cdot H_U$$

$$V = \frac{Q}{H_U} \qquad H_U = \frac{Q}{V}$$

| | | |
|---|---|---|
| $Q$ | Wärmemenge | kJ |
| $m$ | Masse Brennstoff | kg, l |
| $V$ | Volumen Brenngas | $m^3$ |
| $H_U$ | spezifischer Heizwert | $\frac{kJ}{kg}$, $\frac{kJ}{m^3}$ |

## Mischungstemperatur

*Gleiche Stoffe*

$$T_m = \frac{m_1 \cdot T_1 + m_2 \cdot T_2}{m_1 + m_2}$$

$$T_1 = \frac{T_m \cdot (m_1 + m_2) - m_2 \cdot T_2}{m_1}$$

$$T_2 = \frac{T_m \cdot (m_1 + m_2) - m_1 \cdot T_1}{m_2}$$

*Verschiedene Stoffe*

$$Q_m = Q_1 + Q_2$$

$$T_m = \frac{c_1 \cdot m_1 \cdot T_1 + c_2 \cdot m_2 \cdot T_2}{c_1 \cdot m_1 + c_2 \cdot m_2}$$

$$T_1 = \frac{T_m \cdot (c_1 \cdot m_1 + c_2 \cdot m_2) - c_2 \cdot m_2 \cdot T_2}{c_1 \cdot m_1}$$

$$T_2 = \frac{T_m \cdot (c_1 \cdot m_1 + c_2 \cdot m_2) - c_1 \cdot m_1 \cdot T_1}{c_2 \cdot m_2}$$

| | | |
|---|---|---|
| $Q_M$ | Wärmemengenmischung | kJ |
| $Q_1$ | Wärmemenge des Stoffes | kJ |
| $Q_2$ | Wärmemenge des zweiten Stoffes | kJ |
| $T_m$ | Temperatur der Mischung | °C |
| $c$ | spezifische Wärmekapazität | $\frac{kJ}{kg \cdot K}$ |
| $m$ | Masse | kg |
| $T$ | Temperatur | °C |

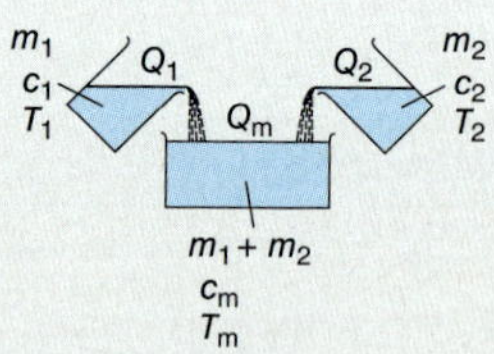


1 J = 1 Ws = 1 Nm

3600 J = 1 Wh

# Elektrotechnik

## Elektrische Ladung

$Q = n \cdot e$

| | | |
|---|---|---|
| $Q$ | Ladung | C |
| $n$ | Anzahl Ladungsträger | |
| $e$ | Elementarladung | C |

C: Coulomb
As: Ampere-Sekunde
1 C = 1 As
$e = -1{,}6 \cdot 10^{-19}$ As

## Elektrische Stromstärke

$I = \frac{Q}{t}$

$Q = I \cdot t$ $\quad t = \frac{Q}{I}$

| | | |
|---|---|---|
| $I$ | Stromstärke | A |
| $Q$ | Ladung | C, As |
| $t$ | Zeit des Stromflusses | s |

1 C = 1 As

## Stromdichte

$J = \frac{I}{A}$

$I = J \cdot A$ $\quad A = \frac{I}{J}$

| | | |
|---|---|---|
| $J$ | Stromdichte | $\frac{\text{A}}{\text{mm}^2}$ |
| $I$ | Stromstärke | A |
| $A$ | Querschnitt | $\text{mm}^2$ |

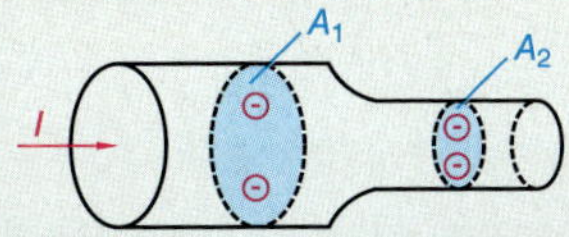


## Elektrische Arbeit

$W = U \cdot I \cdot t$

$U = \frac{W}{I \cdot t}$ $\quad I = \frac{W}{U \cdot t}$ $\quad t = \frac{W}{U \cdot I}$

$W = I^2 \cdot R \cdot t = \frac{U^2}{R} \cdot t = P \cdot t$

| | | |
|---|---|---|
| $W$ | elektrische Arbeit | Ws |
| $P$ | elektrische Leistung | W |
| $t$ | Zeitdauer des Stromflusses | s |
| $U$ | Spannung | V |
| $I$ | Stromstärke | A |
| $R$ | ohmscher Widerstand | Ω |

1 kW = 1000 W
1 kWs = 1000 Ws
1 kWh = 3600000 Ws

## Elektrische Leistung

$P = \frac{W}{t}$

$W = P \cdot t$ $\quad t = \frac{W}{P}$

$P = U \cdot I$

$U = \frac{P}{I}$ $\quad I = \frac{P}{U}$

$P = I^2 \cdot R$

$R = \frac{P}{I^2}$ $\quad I = \sqrt{\frac{P}{R}}$

$P = \frac{U^2}{R}$

$R = \frac{U^2}{P}$ $\quad U = \sqrt{P \cdot R}$

| | | |
|---|---|---|
| $P$ | elektrische Leistung | W |
| $W$ | elektrische Arbeit | Ws |
| $t$ | Zeit | s |
| $U$ | Spannung | V |
| $I$ | Stromstärke | A |
| $R$ | ohmscher Widerstand | Ω |

1 kW = 1000 W
1 kWs = 1000 Ws
1 kWh = 3600000 Ws

Formeln gelten für Gleichstromkreise und rein ohmsche Wechselstromkreise.

# Elektrotechnik

## Leiterwiderstand

$$R_L = \frac{\varrho \cdot l}{A} = \frac{l}{\gamma \cdot A}$$

$$A = \frac{\varrho \cdot l}{R_L} \qquad l = \frac{R_L \cdot A}{\varrho} \qquad \varrho = \frac{R_L \cdot A}{l}$$

$$A = \frac{l}{\gamma \cdot R_L} \qquad l = R_L \cdot \gamma \cdot A$$

$$\gamma = \frac{l}{R_L \cdot A}$$

| | | |
|---|---|---|
| $R_L$ | Leiterwiderstand | $\Omega$ |
| $A$ | Leiterquerschnitt | $mm^2$ |
| $l$ | Leiterlänge | m |
| $\varrho$ | spezifischer Widerstand | $\frac{\Omega \cdot mm^2}{m}$ |
| $\gamma$ | spezifische Leitfähigkeit | $\frac{m}{\Omega \cdot mm^2}$ |

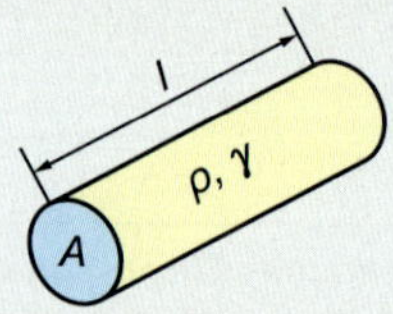


$\varrho$: Rho

$\gamma$: Gamma

## Ohmsches Gesetz

$$I = \frac{U}{R}$$

$$U = I \cdot R \qquad R = \frac{U}{I}$$

| | | |
|---|---|---|
| $I$ | Stromstärke | A |
| $U$ | Spannung | V |
| $R$ | Widerstand | $\Omega$ |

$1\,\Omega = 1\,\frac{V}{A}$

$\Omega$: Omega, Ohm

## Elektrischer Leitwert

$$G = \frac{1}{R}$$

$$R = \frac{1}{G}$$

| | | |
|---|---|---|
| $G$ | Leitwert | S |
| $R$ | Widerstand | $\Omega$ |

$1\,S = \frac{1}{\Omega}$

S: Siemens

## Temperaturabhängigkeit des Widerstands

$$R_2 = R_1 \cdot (1 + \alpha \cdot \Delta\vartheta)$$

$$\Delta\vartheta = \vartheta_2 - \vartheta_1$$

$$R_1 = \frac{R_2}{1 + \alpha \cdot \Delta\vartheta}$$

$$\Delta\vartheta = \frac{1}{\alpha} \cdot \left(\frac{R_2}{R_1} - 1\right)$$

| | | |
|---|---|---|
| $R_1$ | Kaltwiderstand | $\Omega$ |
| $R_2$ | Warmwiderstand | $\Omega$ |
| $\vartheta_1$ | Anfangstemperatur | °C |
| $\vartheta_2$ | Endtemperatur | °C |
| $\Delta\vartheta$ | Temperaturdifferenz | K |
| $\alpha$ | Temperaturbeiwert | $\frac{1}{K}$ |

Werte von $\alpha$ TB

## Wärmewirkung des elektrischen Stroms

$$P = \frac{m \cdot c \cdot \Delta\vartheta}{\eta \cdot t}$$

$$m = \frac{P \cdot \eta \cdot t}{c \cdot \Delta\vartheta} \qquad \Delta\vartheta = \frac{P \cdot \eta \cdot t}{m \cdot c}$$

$$t = \frac{m \cdot c \cdot \Delta\vartheta}{\eta \cdot P} \qquad \eta = \frac{m \cdot c \cdot \Delta\vartheta}{P \cdot t}$$

| | | |
|---|---|---|
| $P$ | aufzuwendende elektrische Leistung | W |
| $m$ | Masse des zu erwärmenden Stoffes | kg |
| $c$ | spezifische Wärmekapazität | $\frac{J}{kg \cdot K}$ |
| $\Delta\vartheta$ | Temperaturdifferenz | K |
| $t$ | Zeitdauer der Erwärmung | s |
| $\eta$ | Wirkungsgrad | |

Werte von $c$ TB

1 kW = 1000 W

1 kWs = 1000 Ws

1 kWh = 3600000 Ws

# Elektrotechnik

## Parallelschaltung von Widerständen

$$\frac{1}{R_E} = \frac{1}{R_1} + \frac{1}{R_2} + \frac{1}{R_3} + \ldots$$

$$\frac{1}{R_1} = \frac{1}{R_E} - \left(\frac{1}{R_2} + \frac{1}{R_3} + \ldots\right)$$

*Zwei Widerstände*

$$R_E = \frac{R_1 \cdot R_2}{R_1 + R_2}$$

*Gleiche Widerstände*

$$R_E = \frac{R}{n}$$

| | | |
|---|---|---|
| $R_E$ | Ersatzwiderstand | Ω |
| $R$ | Teilwiderstände | Ω |
| $n$ | Anzahl der parallel geschalteten Widerstände | |

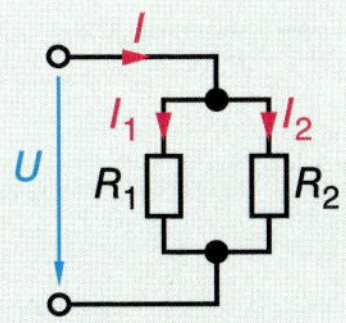


Im kleineren Widerstand fließt der höhere Strom

## Reihenschaltung von Widerständen

$$R_g = R_1 + R_2 + R_3 + \ldots$$

$$R_1 = R_g - (R_2 + R_3 + \ldots)$$

$$\frac{U_1}{U_2} = \frac{R_1}{R_2}$$

$$U_1 = U_2 \cdot \frac{R_1}{R_2} \qquad U_2 = U_1 \cdot \frac{R_2}{R_1}$$

$$R_1 = R_2 \cdot \frac{U_1}{U_2} \qquad R_2 = R_1 \cdot \frac{U_2}{U_1}$$

| | | |
|---|---|---|
| $R_g$ | Gesamtwiderstand | Ω |
| $R$ | Teilwiderstände | Ω |
| $U$ | Teilspannungen | V |

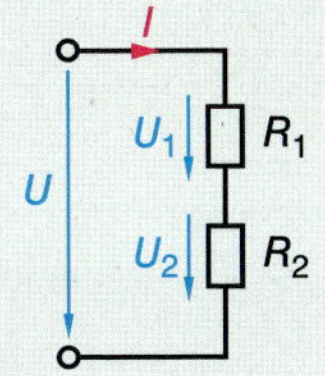


## Periodendauer, Frequenz

$$f = \frac{1}{T} \qquad T = \frac{1}{f}$$

| | | |
|---|---|---|
| $f$ | Frequenz | Hz |
| $T$ | Periodendauer | s |

Hz: Hertz

$1\ \text{Hz} = 1\ \frac{1}{s}$

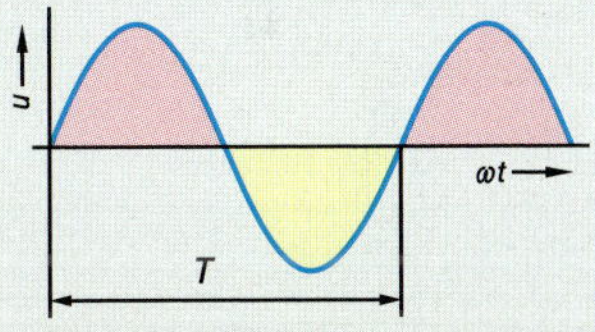


## Leistung im Wechselstromkreis

*Wirkleistung*

$$P = U \cdot I \cdot \cos\varphi$$

$$P = S \cdot \cos\varphi$$

$$\cos\varphi = \frac{P}{S}$$

| | | |
|---|---|---|
| $P$ | Wirkleistung | W |
| $U$ | Wechselspannung | V |
| $I$ | Wechselstrom | A |
| $S$ | Scheinleistung | VA |
| $\cos\varphi$ | Wirkleistungsfaktor | |

VA: Volt-Ampere

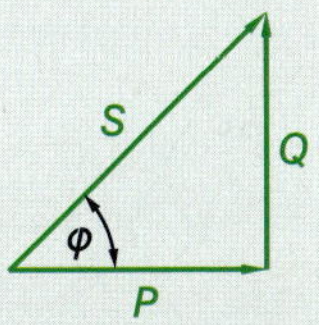


Fortsetzung nächste Seite

# Elektrotechnik

## Leistung im Wechselstromkreis

Fortsetzung

*Blindleistung*

$$Q = U \cdot I \cdot \sin\varphi$$

$Q = S \cdot \sin\varphi$

$\sin\varphi = \frac{Q}{S}$

*Scheinleistung*

$$S = U \cdot I$$

$I = \frac{S}{U}$ $U = \frac{S}{I}$

| | | |
|---|---|---|
| $P$ | Wirkleistung | W |
| $U$ | Wechselspannung | V |
| $I$ | Wechselstrom | A |
| $S$ | Scheinleistung | VA |
| $Q$ | Blindleistung | var |
| $\cos\varphi$ | Wirkleistungsfaktor | |
| $\sin\varphi$ | Blindleistungsfaktor | |

VA: Volt-Ampere
var: Volt-Ampere-reaktiv

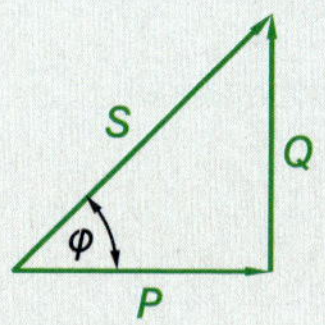


## Leistung im Drehstromkreis

*Wirkleistung*

$$P = \sqrt{3} \cdot U \cdot I \cdot \cos\varphi$$

$I = \frac{P}{\sqrt{3} \cdot U \cdot \cos\varphi}$

$\cos\varphi = \frac{P}{\sqrt{3} \cdot U \cdot I}$

*Blindleistung*

$$Q = \sqrt{3} \cdot U \cdot I \cdot \sin\varphi$$

$I = \frac{Q}{\sqrt{3} \cdot U \cdot \sin\varphi}$

$\sin\varphi = \frac{Q}{\sqrt{3} \cdot U \cdot I}$

*Scheinleistung*

$$S = \sqrt{3} \cdot U \cdot I$$

$I = \frac{S}{\sqrt{3} \cdot U}$

| | | |
|---|---|---|
| $P$ | Wirkleistung | W |
| $U$ | Dreiphasen-Wechselspannung | V |
| $I$ | Dreiphasen-Wechselstrom | A |
| $S$ | Scheinleistung | VA |
| $Q$ | Blindleistung | var |
| $\cos\varphi$ | Wirkleistungsfaktor | |
| $\sin\varphi$ | Blindleistungsfaktor | |

VA: Volt-Ampere
var: Volt-Ampere-reaktiv

## Sternschaltung

$$I = I_{Str}$$
$$U = \sqrt{3} \cdot U_{Str}$$

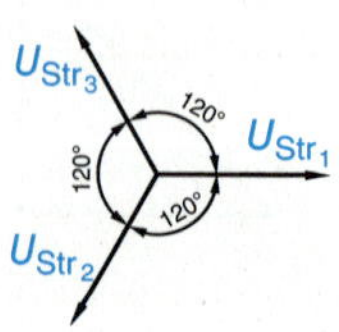


| | | |
|---|---|---|
| $I$ | Außenleiterstrom | A |
| $I_{Str}$ | Strangstrom | A |
| $U$ | Außenleiterspannung | V |
| $U_{Str}$ | Strangspannung | V |

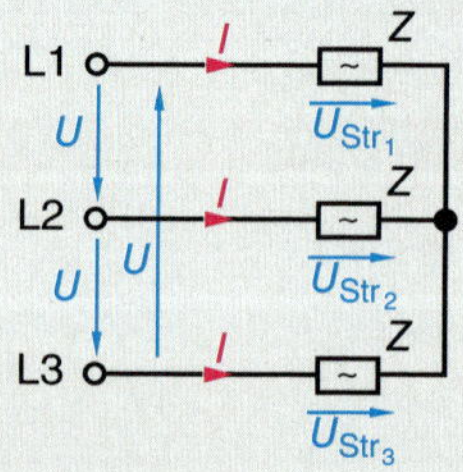

# Elektrotechnik

## Dreieckschaltung

$U = U_{Str}$

$I = \sqrt{3} \cdot I_{Str}$

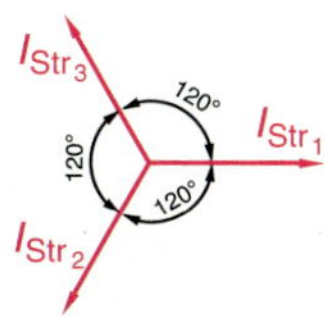


| | | |
|---|---|---|
| $U$ | Außenleiter-spannung | V |
| $U_{Str}$ | Strangspannung | V |
| $I$ | Außenleiterstrom | A |
| $I_{Str}$ | Strangstrom | A |

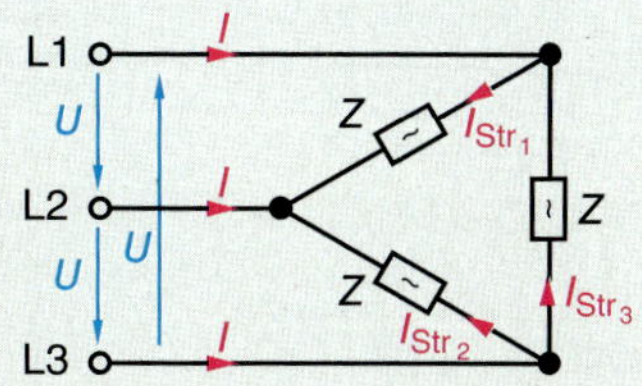


## Transformator

$$ü = \frac{N_1}{N_2} = \frac{U_1}{U_2} = \frac{I_2}{I_1}$$

$I_1 = I_2 \cdot \frac{N_2}{N_1}$ $\quad I_2 = I_1 \cdot \frac{N_1}{N_2}$

$N_1 = N_2 \cdot \frac{I_2}{I_1}$ $\quad N_2 = N_1 \cdot \frac{I_1}{I_2}$

$U_1 = U_2 \cdot \frac{N_1}{N_2}$ $\quad U_2 = U_1 \cdot \frac{N_2}{N_1}$

$N_1 = N_2 \cdot \frac{U_1}{U_2}$ $\quad N_2 = N_1 \cdot \frac{U_2}{U_1}$

| | | |
|---|---|---|
| $ü$ | Übersetzungs-verhältnis | |
| $N_1$ | primäre Windungszahl | |
| $N_2$ | sekundäre Windungszahl | |
| $U_1$ | Primärspannung | V |
| $U_2$ | Sekundärspannung | V |
| $I_1$ | Primärstrom | A |
| $I_2$ | Sekundärstrom | A |

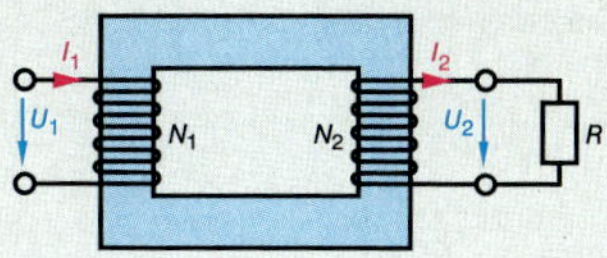


# Festigkeitslehre

## Zugspannungsbeanspruchung, Zugversuch

*Zugspannung*

$\sigma_z = \frac{F}{S_0}$

*Zugfestigkeit*

$R_m = \frac{F_m}{S_0}$

*Dehnung*

$\varepsilon = \frac{L - L_0}{L_0} \cdot 100\ \%$

*Bruchdehnung*

$A = \frac{L_u - L_0}{L_0} \cdot 100\ \%$

*Brucheinschnürung*

$Z = \frac{S_0 - S_u}{S_0} \cdot 100\ \%$

*Elastizitätsmodul*

$E = \frac{\sigma_z}{\varepsilon} \cdot 100\ \%$

| | | |
|---|---|---|
| $F$ | Zugkraft | N |
| $F_m$ | Höchstzugkraft | N |
| $R_m$ | Zugfestigkeit | $\frac{N}{mm^2}$ |
| $\sigma_z$ | Zugspannung | |
| $R_{eH}$ | obere Streckgrenze | |
| $R_{eL}$ | untere Streckgrenze | |
| $R_{p\,0,2}$ | 0,2 %-Dehngrenze | |
| $S_0$ | Anfangsquerschnitt (Probe) | $mm^2$ |
| $L_0$ | Anfangsmesslänge | mm |
| $S_u$ | Probenquerschnitt | $mm^2$ |
| $L_u$ | Messlänge nach Bruch | mm |
| $A$ | Bruchdehnung | % |
| $Z$ | Brucheinschnürung | % |

| | | |
|---|---|---|
| $\varepsilon$ | Dehnung | % |
| $E$ | Elastizitätsmodul | $\frac{N}{mm^2}$ |

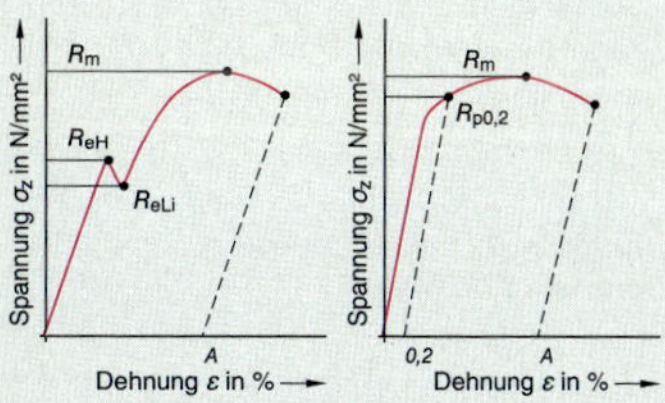


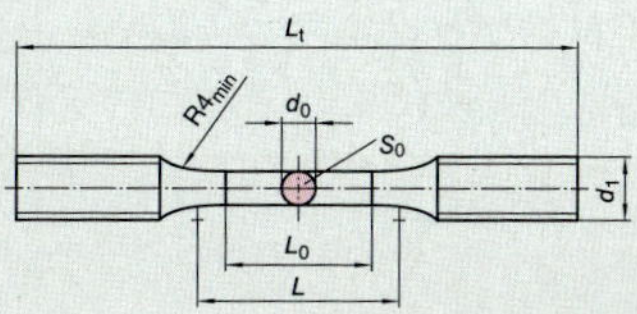

# Festigkeitslehre

## Zugbeanspruchung (Zugspannung)

*Zugspannung*

$\sigma_z = \frac{F}{S}$

*Maximale Zugkraft*

$F_{max} = \sigma_{z\,zul} \cdot S$

*Zulässige Zugspannung, zähe Werkstoffe*

$\sigma_{z\,zul} = \frac{R_e}{\nu}$

*Zulässige Zugspannung, spröde Werkstoffe*

$\sigma_{z\,zul} = \frac{R_m}{\nu}$

*Erforderliche Querschnittsfläche*

$S_{erf} = \frac{F_{max}}{\sigma_{z\,zul}}$

*Sicherheitszahl*

$\nu = \frac{R_e}{\sigma_{z\,zul}} = \frac{R_m}{\sigma_{z\,zul}}$

| | | |
|---|---|---|
| $\sigma_z$ | Zugspannung | $\frac{N}{mm^2}$ |
| $F$ | Zugkraft | N |
| $S$ | Querschnittsfläche | mm |
| $\sigma_{z\,zul}$ | zulässige Zugspannung | $\frac{N}{mm^2}$ |
| $S_{erf}$ | erforderliche Querschnittsfläche | $\frac{N}{mm^2}$ |
| $\nu$ | Sicherheitszahl | |
| $R_e$ | Streckgrenze | $\frac{N}{mm^2}$ |
| $R_m$ | Zugfestigkeit | $\frac{N}{mm^2}$ |
| $F_{max}$ | maximale Zugkraft | N |

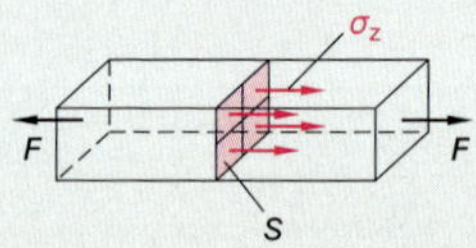


## Druckbeanspruchung

*Druckspannung*

$\sigma_d = \frac{F}{S}$

*Maximale Zugkraft*

$F_{max} = \sigma_{d\,zul} \cdot S$

*Zulässige Druckspannung, zähe Werkstoffe*

$\sigma_{d\,zul} = \frac{R_e}{\nu}$

*Zulässige Druckspannung, spröde Werkstoffe*

$\sigma_{d\,zul} = \frac{\sigma_{dB}}{\nu}$

*Erforderliche Querschnittsfläche*

$S_{erf} = \frac{F_{max}}{\sigma_{d\,zul}}$

*Sicherheitszahl*

$\nu = \frac{\sigma_{dF}}{\sigma_{d\,zul}} = \frac{\sigma_{dB}}{\sigma_{d\,zul}}$

| | | |
|---|---|---|
| $\sigma_d$ | Druckspannung | $\frac{N}{mm^2}$ |
| $F$ | Druckkraft | N |
| $S$ | Querschnittsfläche | $mm^2$ |
| $\sigma_{d\,zul}$ | zulässige Druckspannung | $\frac{N}{mm^2}$ |
| $S_{erf}$ | erforderliche Querschnittsfläche | $mm^2$ |
| $\nu$ | Sicherheitszahl | |
| $\sigma_{dF}$ | Quetschgrenze | $\frac{N}{mm^2}$ |
| $\sigma_{dB}$ | Druckfestigkeit | $\frac{N}{mm^2}$ |
| $F_{max}$ | maximale Druckspannung | N |

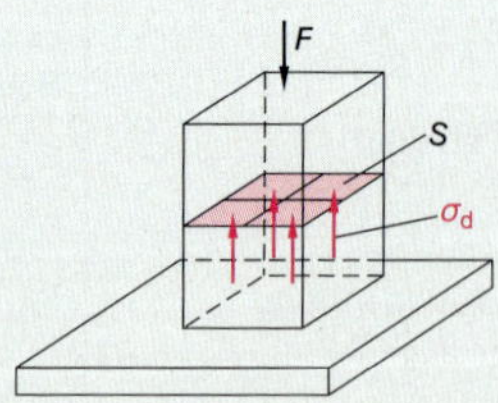

# Festigkeitslehre

## Flächenpressung

*Flächenpressung*

$$p = \frac{F}{A}$$

*Maximale Kraft*

$$F_{max} = p_{zul} \cdot A$$

*Erforderliche Berührungsfläche*

$$A_{erf} = \frac{F_{max}}{p_{zul}}$$

*Zulässige Flächenpressung, zähe Werkstoffe*

$$p_{zul} = \frac{\sigma_{dF}}{\nu}$$

*Zulässige Flächenpressung, spröde Werkstoffe*

$$p_{zul} = \frac{\sigma_{dB}}{\nu}$$

| | | |
|---|---|---|
| $p$ | Flächenpressung | $\frac{N}{mm^2}$ |
| $F$ | Kraft | N |
| $A$ | Berührungsfläche | $mm^2$ |
| $p_{zul}$ | zulässige Flächenpressung | $\frac{N}{mm^2}$ |
| $A_{erf}$ | erforderliche Berührungsfläche | $mm^2$ |
| $\nu$ | Sicherheitszahl | |
| $\sigma_{dF}$ | Quetschgrenze | $\frac{N}{mm^2}$ |
| $\sigma_{dB}$ | Druckfestigkeit | $\frac{N}{mm^2}$ |
| $F_{max}$ | maximale Kraft | N |

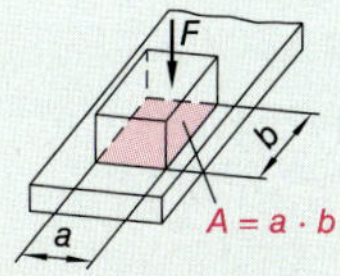


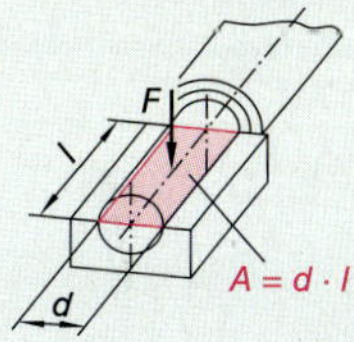


## Abscherung

*Scherspannung*

$$\tau_a = \frac{F}{S \cdot n}$$

*Maximale Scherkraft*

$$F_{max} = \tau_{a\,zul} \cdot S \cdot n$$

*Erforderliche Querschnittsfläche*

$$S_{erf} = \frac{F_{max}}{\tau_{a\,zul} \cdot n}$$

*Zulässige Scherspannung, zähe Werkstoffe*

$$\tau_{a\,zul} = \frac{\tau_{aF}}{\nu}$$

*Zulässige Scherspannung, spröde Werkstoffe*

$$\tau_{a\,zul} = \frac{\tau_{aB}}{\nu}$$

*Sicherheitszahl*

$$\nu = \frac{\tau_{aF}}{\tau_{a\,zul}} = \frac{\tau_{aB}}{\tau_{a\,zul}}$$

| | | |
|---|---|---|
| $\tau_a$ | Scherspannung | $\frac{N}{mm^2}$ |
| $F$ | Scherkraft | N |
| $S$ | Querschnittsfläche | $mm^2$ |
| $\tau_{a\,zul}$ | zulässige Scherspannung | $\frac{N}{mm^2}$ |
| $S_{erf}$ | erforderliche Querschnittsfläche | $mm^2$ |
| $\nu$ | Sicherheitszahl | |
| $\tau_{aF}$ | Scherfließgrenze | $\frac{N}{mm^2}$ |
| $\tau_{aB}$ | Scherfestigkeit | $\frac{N}{mm^2}$ |
| $F_{max}$ | maximale Scherkraft | N |
| $n$ | Anzahl der Schnitte | |

*Scherung einschnittig*

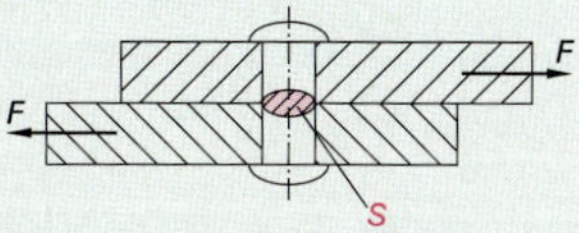


*Scherung mehrschnittig*

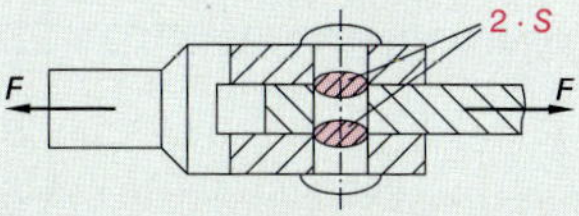

# Festigkeitslehre

## Torsion (Verdrehung)

*Torsionsspannung*

$$\tau_t = \frac{M_t}{W_p}$$

*Maximales Torsionsmoment*

$$M_{t\,max} = \tau_{t\,zul} \cdot W_p$$

*Erforderliches Widerstandsmoment*

$$W_{p\,erf} = \frac{M_{t\,max}}{\tau_{t\,zul}}$$

*Verdrehwinkel*

$$\varphi = \frac{\tau_t \cdot l}{G \cdot r} \cdot \frac{180°}{\pi}$$

$$\varphi = \frac{M_t \cdot l}{W_p \cdot r \cdot G} \cdot \frac{180°}{\pi}$$

$$\varphi = \frac{M_t \cdot l}{I_p \cdot G} \cdot \frac{180°}{\pi}$$

*Zulässige Torsionsspannung, zähe Werkstoffe*

$$\tau_{t\,zul} = \frac{\tau_{tF}}{\nu}$$

*Zulässige Torsionsspannung, spröde Werkstoffe*

$$\tau_{t\,zul} = \frac{\tau_{tB}}{\nu}$$

*Erforderlicher Durchmesser für Kreisquerschnitt*

$$d_{erf} = \sqrt[3]{\frac{16 \cdot M_t}{\pi \cdot \tau_{t\,zul}}}$$

| | | |
|---|---|---|
| $\tau_t$ | Torsionsspannung | $\frac{N}{mm^2}$ |
| $M_t$ | Torsionsmoment | N · mm |
| $W_p$ | polares Widerstandsmoment | $mm^3$ |
| $\tau_{t\,zul}$ | zulässige Torsionsspannung | $\frac{N}{mm^2}$ |
| $W_{p\,erf}$ | erforderliches polares Widerstandsmoment | $mm^3$ |
| $\tau_{tF}$ | Torsionsfließgrenze | $\frac{N}{mm^2}$ |
| $\tau_{tB}$ | Torsionsfestigkeit | $\frac{N}{mm^2}$ |
| $\nu$ | Sicherheitszahl | |
| $M_{t\,max}$ | maximales Torsionsmoment | N · mm |
| $d_{erf}$ | erforderlicher Durchmesser | mm |
| $\varphi$ | Verdrehwinkel | Grad |
| $r$ | Radius | mm |
| $G$ | Schubmodul | $\frac{N}{mm^2}$ |
| $I_p$ | polares Flächenmoment 2. Grades | $mm^4$ |

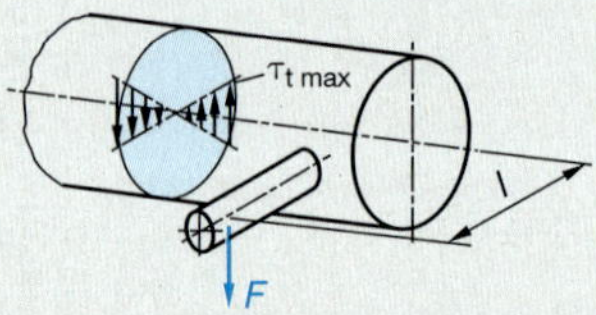


*Torsionsmoment*

$$M_t = 9550 \cdot \frac{P}{n}$$

$M_t$ Drehmoment in Nm
$n$ Drehzahl in $\frac{1}{min}$
$P$ Leistung in kW

## Kerbwirkung

$$\sigma_N = \frac{F}{S}$$

$$\sigma_{zul} = \frac{\sigma_D \cdot b_1 \cdot b_2}{\beta_k \cdot \nu}$$

$$\sigma_D = \frac{\sigma_{zul} \cdot \beta_k \cdot \nu}{b_1 \cdot b_2}$$

| | | |
|---|---|---|
| $\sigma_N$ | Nennspannung | $\frac{N}{mm^2}$ |
| $\sigma_{zul}$ | zulässige Spannung | $\frac{N}{mm^2}$ |
| $\sigma_D$ | Dauerfestigkeit des Bauteils ohne Kerbe | $\frac{N}{mm^2}$ |
| $F$ | Kraft | N |
| $S$ | Kerbquerschnitt | $mm^2$ |
| $b_1$ | Oberflächenbeiwert | |
| $b_2$ | Größenbeiwert | |
| $\nu$ | Sicherheitszahl | |
| $\beta_k$ | Kerbwirkungszahl | |

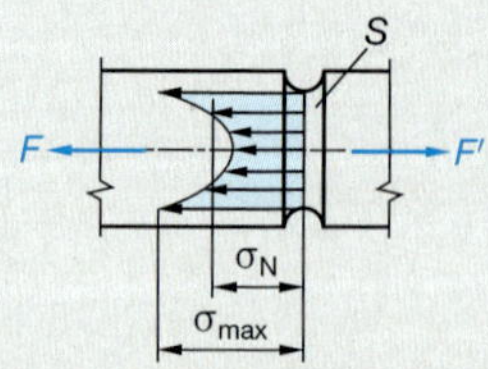

# Festigkeitslehre

## Biegung

*Biegespannung*

$\sigma_b = \frac{M_b}{W}$

*Maximales Biegemoment*

$M_{b\,max} = \sigma_{b\,zul} \cdot W$

*Erforderliches Widerstandsmoment*

$W_{erf} = \frac{M_{b\,max}}{\sigma_{b\,zul}}$

*Zulässige Biegespannung, zähe Werkstoffe*

$\sigma_{b\,zul} = \frac{\sigma_{bF}}{\nu}$

*Zulässige Biegespannung, spröde Werkstoffe*

$\sigma_{b\,zul} = \frac{\sigma_{bB}}{\nu}$

*Sicherheitszahl*

$\nu = \frac{\sigma_{bF}}{\sigma_b} = \frac{\sigma_{bB}}{\sigma_b}$

*Erforderlicher Durchmesser (Kreisquerschnitt)*

$d_{erf} = \sqrt[3]{\frac{32 \cdot M_{b\,max}}{\pi \cdot \sigma_{b\,zul}}}$

| | | |
|---|---|---|
| $\sigma_b$ | Biegespannung | $\frac{N}{mm^2}$ |
| $M_b$ | Biegemoment | N · mm |
| $W$ | axiales Widerstandsmoment | $mm^3$ |
| $\sigma_{b\,zul}$ | zulässige Biegespannung | $\frac{N}{mm^2}$ |
| $\nu$ | Sicherheitszahl | |
| $W_{erf}$ | erforderliches axiales Widerstandsmoment | $mm^3$ |
| $\sigma_{bF}$ | Biegefließgrenze | $\frac{N}{mm^2}$ |
| $\sigma_{bB}$ | Biegefestigkeit | $\frac{N}{mm^2}$ |
| $M_{b\,max}$ | maximales Biegemoment | N · mm |
| $d_{erf}$ | erforderlicher Durchmesser | mm |
| $f$ | Durchbiegung | mm |
| $\sigma_{z\,max}$ | größte Zugspannung | $\frac{N}{mm^2}$ |
| $\sigma_{d\,max}$ | größte Druckspannung | $\frac{N}{mm^2}$ |
| $e_1, e_2$ | Randfaserabstände | mm |
| $I$ | Flächenmoment 2. Grades | $mm^4$ |

**Spannungsverteilung in unsymmetrischen Querschnitten**

*Maximale Zugspannung*

$\sigma_{z\,max} = \frac{M_b \cdot e_1}{I}$

*Maximale Druckspannung*

$\sigma_{d\,max} = \frac{M_b \cdot e_2}{I}$

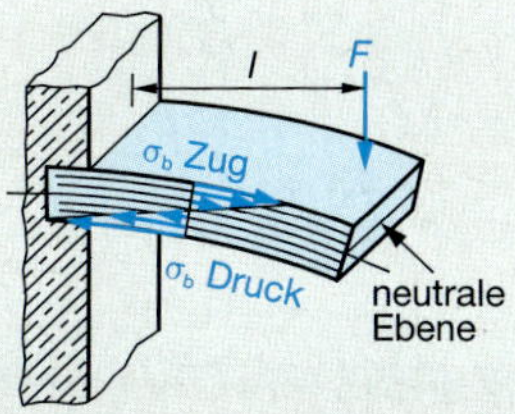


## Knickung

*Schlankheitsgrad*

$\lambda = \frac{l_k}{i}$

*Zulässige Druckkraft*

$F_{d\,zul} = \frac{F_k}{\nu}$

*Zulässige Druckspannung*

$\sigma_{d\,zul} = \frac{\sigma_k}{\nu}$

*Trägheitsradius*

$i = \sqrt{\frac{I}{S}}$

*Sicherheitszahl*

$\nu = \frac{F_k}{F_d} = \frac{\sigma_k}{\sigma_d}$

**Elastische Knickung nach Euler**

*Knickspannung*

$\sigma_k = \frac{E \cdot \pi^2}{\lambda^2}$

| | | |
|---|---|---|
| $F_k$ | Knickkraft | N |
| $F_d$ | Druckkraft | N |
| $l$ | Länge | mm |
| $l_k$ | freie Knicklänge | mm |
| $E$ | Elastizitätsmodul | $\frac{N}{mm^2}$ |
| $I_{min}$ | kleinstes axiales Flächenmoment 2. Grades | $mm^4$ |
| $\nu$ | Sicherheitszahl | |
| $\lambda$ | Schlankheitsgrad | |
| $\lambda_0$ | Grenzschlankheitsgrad | |
| $\sigma_k$ | Knickspannung | $\frac{N}{mm^2}$ |
| $i$ | Trägheitsradius | mm |
| $S$ | Querschnittsfläche | $mm^2$ |

*Knickkraft*

$F_k = \frac{E \cdot I_{min} \cdot \pi^2}{l_k^2}$

*Kleinstes axiales Flächenmoment 2. Grades*

$I_{min} = \frac{\nu \cdot F \cdot l_k^2}{E \cdot \pi^2}$

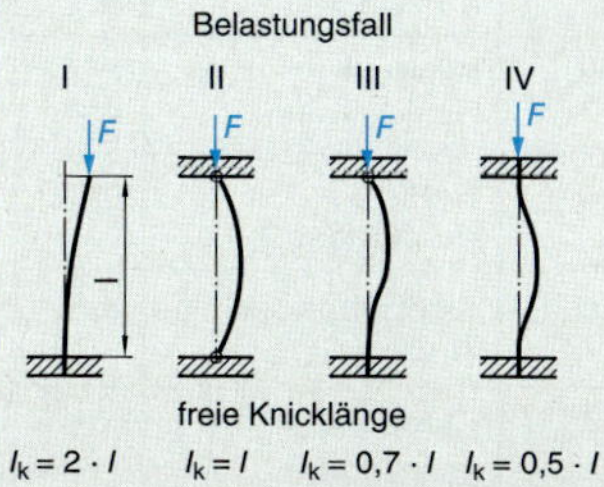

# Schrauben

## Schraube (Bolzen-Mutter)

*Arbeit*

$$W = F_U \cdot d \cdot \pi = F_G \cdot P \cdot \frac{1}{\eta}$$

*Umfangskraft*

$$F_U = \frac{W}{d \cdot \pi} = \frac{F_G \cdot P}{d \cdot \pi \cdot \eta}$$

$$d = \frac{W}{F_U \cdot \pi}$$

$$P = \frac{F_U \cdot d \cdot \pi \cdot \eta}{F_G}$$

*Gewichtskraft*

$$F_G = \frac{W \cdot \eta}{P} = \frac{F_H \cdot 2 \cdot l \cdot \pi \cdot \eta}{P}$$

$$P = \frac{W \cdot \eta}{F_G} \qquad F_G = \frac{F_U \cdot d \cdot \pi \cdot \eta}{P}$$

$$\eta = \frac{F_G \cdot P}{W} \qquad d = \frac{F_G \cdot P}{\eta \cdot F_U \cdot \pi}$$

$$\eta = \frac{F_G \cdot P}{F_U \cdot \pi \cdot d}$$

*Handkraft*

$$F_H = \frac{F_G \cdot P}{2 \cdot l \cdot \pi \cdot \eta}$$

$$P = \frac{F_H \cdot 2 \cdot l \cdot \pi \cdot \eta}{F_G}$$

$$l = \frac{F_G \cdot P}{F_H \cdot 2 \cdot \pi \cdot \eta}$$

$$\eta = \frac{F_G \cdot P}{F_H \cdot 2 \cdot \pi \cdot l}$$

| | | |
|---|---|---|
| $W$ | Arbeit | Nmm |
| $F_U$ | Umfangskraft | N |
| $F_G$ | Gewichtskraft | N |
| $d$ | Gewinde-durchmesser | mm |
| $P$ | Steigung | mm |
| $l$ | Schlüssellänge | mm |
| $\eta$ | Wirkungsgrad | |

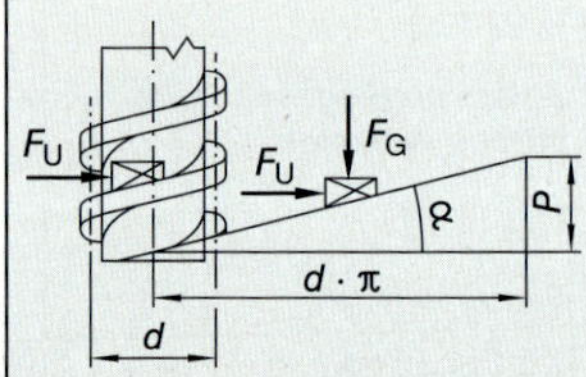


## Vorspannkraft, Anziehdrehmoment

$$\sigma_M = \frac{0{,}9 \cdot R_{p0,2}}{\sqrt{1 + 3 \cdot k^2}}$$

$$k = \frac{4}{d_0} \cdot (0{,}16 \cdot P + 0{,}58 \cdot \mu_G \cdot d_2)$$

$$F_M = A_0 \cdot \sigma_M$$

$$M_A = F_M \cdot (0{,}16 \cdot P + 0{,}58 \cdot \mu_G \cdot d_2 + \mu_K \cdot r_m)$$

$$r_m = 0{,}25 \cdot (d_k + d_L)$$

| | | |
|---|---|---|
| $d_K$ | Kopfdurchmesser | mm |
| $d_L$ | Lochdurchmesser | mm |
| $k$ | Zwischenwert (Einheit 1) | |
| $r_m$ | mittlerer Radius | mm |

| | | |
|---|---|---|
| $\sigma_M$ | Montage-zugspannung | $\frac{N}{mm^2}$ |
| $F_M$ | Vorspannkraft | N |
| $R_{p0,2}$ | Mindest-dehngrenze | $\frac{N}{mm^2}$ |
| $d$ | Nenn-durchmesser | mm |
| $d_0$ | maßgebender Durchmesser | mm |
| $d_S$ | bei Schaft-schrauben | mm |
| $d_T$ | bei Taillen-schrauben | mm |

| | | |
|---|---|---|
| $P$ | Steigung | mm |
| $d_2$ | Flanken-durchmesser | mm |
| $\mu_G$ | Reibungszahl Gewinde | |
| $\mu_K$ | Reibungszahl Auflage | |
| $A_0$ | maßgeblicher Querschnitt | $mm^2$ |
| $A_S$ | bei Schaftschrauben | $mm^2$ |
| $A_T$ | bei Taillenschrauben | $mm^2$ |
| $M_A$ | Anziehdrehmoment | Nmm |

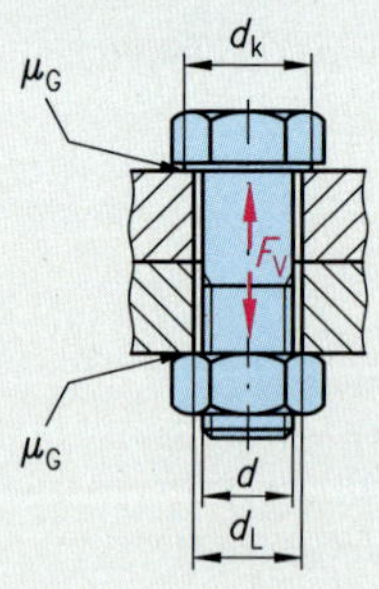


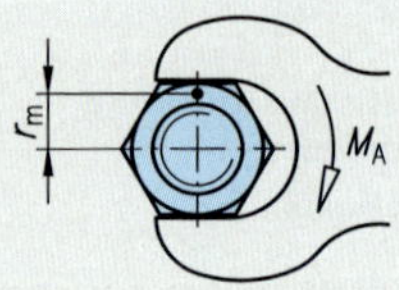

## Schrauben

### Flächenpressung

$$A_0 \leq \frac{F_S}{\frac{R_{p0,2}}{R_{p0,2} \cdot \alpha_A} - \beta \cdot E \cdot \frac{f_Z}{l_K}}$$

$$p = \frac{F_S}{A_p} \leq p_{zul}$$

$$A_p = \frac{\pi}{4} \cdot (d_k^2 - d_L^2)$$

| | | |
|---|---|---|
| $A_0$ | maßgebender Querschnitt | $mm^2$ |
| $A_T$ | bei Dehnschrauben | $mm^2$ |
| $A_S$ | bei Schaftschrauben | $mm^2$ |
| $F_S$ | Schraubengesamtkraft | N |
| $A_p$ | Druckfläche | $mm^2$ |
| $p$ | Flächenpressung | $\frac{N}{mm^2}$ |
| $f_Z$ | Setzbetrag | mm |
| $\alpha_A$ | Anziehfaktor | |
| $l_K$ | Klemmlänge | mm |
| $\beta$ | Nachgiebigkeitsfaktor | |
| $R_{p0,2}$ | Reduktionsfaktor | |

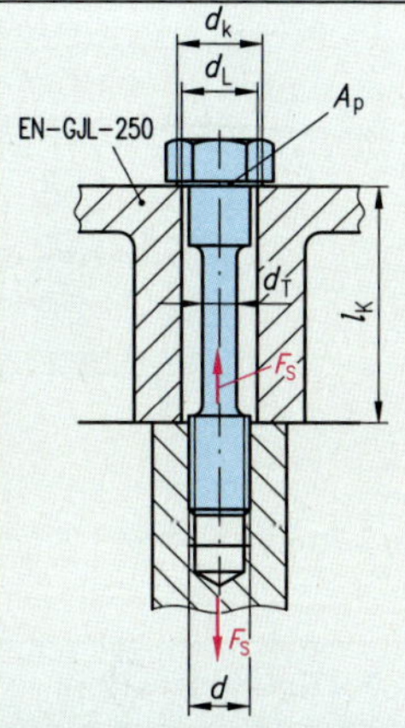


## Federn

### Federkräfte, Federlängen

*Zugfeder*

$$R = \frac{F_2 - F_1}{s} = \frac{F - F_0}{s}$$

$$R = \frac{G \cdot d^4}{8 \cdot i_f \cdot D_m^3}$$

$$w = \frac{D_m}{d}$$

$$D_m = \frac{D_i + D_a}{2}$$

$$L_k = d \cdot (i_f + 1)$$

$$L_H = k_h \cdot D_i$$

$$L_0 = L_k \cdot 2 \cdot L_H$$

$$i_f = i_g$$

*Druckfeder*

$$R = \frac{\Delta F}{\Delta s} = \frac{F_2 - F_1}{s_2 - s_1} = \frac{G \cdot d^4}{8 \cdot i_f \cdot D_m^3}$$

$$w = \frac{D_m}{d}$$

$$L_z = L_{BL} + s_a$$

$$L_{BL} = i_g \cdot d$$

$$\tau_i = \frac{8 \cdot D_m \cdot F}{d^3 \cdot \pi} \leq \tau_{i\,zul}$$

$$\tau_i = \frac{G \cdot d \cdot s}{D_m^2 \cdot i_f \cdot \pi}$$

| | | |
|---|---|---|
| $R$ | Federrate | $\frac{N}{mm^2}$ |
| $F_1, F_2$ | Federkraft | N |
| $F_{BL}$ | Blockkraft | N |
| $s$ | Federweg, Federhub | mm |
| $s_a$ | Sicherheitsabstand | mm |
| $s_z$ | maximal zulässiger Federweg | mm |
| $d$ | Drahtdurchmesser | mm |
| $D_i$ | Innendurchmesser | mm |
| $D_a$ | Außendurchmesser | mm |
| $D_m$ | mittlerer Windungsdurchmesser | mm |
| $L_z$ | zulässige Federlänge (unter Last) | mm |

$$\tau_k = k \cdot \tau_i < \tau_{k0}$$

$$d = \sqrt[3]{\frac{D_m \cdot F \cdot 8}{\tau_{i\,zul} \cdot \pi}}$$

$$i_f = \frac{G \cdot d^4 \cdot s}{D_m^3 \cdot F \cdot 8}$$

$$k = 1 + \frac{5}{4} \cdot \frac{d}{D_m} + \frac{7}{8}\left(\frac{d}{D_m}\right)^2 + \left(\frac{d}{D_m}\right)^3$$

| | | |
|---|---|---|
| $L_{BL}$ | Blocklänge | mm |
| $L_0$ | Ausgangslänge | mm |
| $i_f$ | Anzahl der federnden Windungen | |
| $i_g$ | Gesamtzahl der Windungen | |
| $p$ | Anpressdruck | $\frac{N}{mm^2}$ |
| $w$ | Wickelverhältnis | |
| $x$ | Korrekturbeiwert | |
| $G$ | Schubmodul | $\frac{N}{mm^2}$ |
| $\tau_i$ | Schubspannung | $\frac{N}{mm^2}$ |
| $\tau_k$ | Schubspannung, Belastung, schwingend | $\frac{N}{mm^2}$ |
| $k$ | Beiwert | |

Fortsetzung nächste Seite

# Federn

## Federkräfte, Federlängen

Fortsetzung

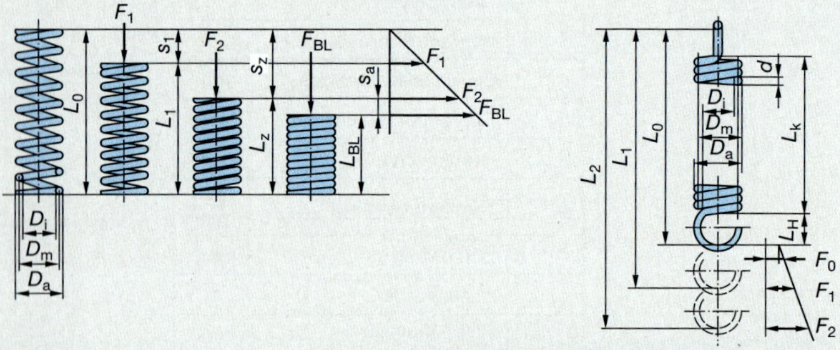


# Fertigungstechnik

## Bohren

*Schnittkraft*

$F_c = k_c \cdot A = \frac{d}{2} \cdot f \cdot k_c$

*Schnittmoment*

$M_c = \frac{d}{4} \cdot F_c = \frac{d^2}{8} \cdot f \cdot k_c$

*Schnittleistung*

$P_c = \frac{v_c}{2} \cdot F_c = \frac{v_c}{2} \cdot \frac{d}{2} \cdot f \cdot k_c$

$P_c = d^2 \cdot \frac{\pi}{4} \cdot f \cdot k_c \cdot n$

*Spanleistung*

$Q = \frac{v_c}{2} \cdot A = \frac{v_c}{4} \cdot d \cdot f$

*Spanungsquerschnitt*

$A = b \cdot h = \frac{d}{2} \cdot f$

*Vorschubgeschwindigkeit*

$v_f = f \cdot n$

*Schnittgeschwindigkeit*

$v_c = \pi \cdot d \cdot n$

| | | |
|---|---|---|
| $A$ | Spanungsquerschnitt | $mm^2$ |
| $d$ | Bohrerdurchmesser | mm |
| $f$ | Vorschub pro Umdrehung | mm |
| $n$ | Drehzahl | $\frac{1}{min}$ |
| $F_c$ | Schnittkraft | N |
| $h$ | Spanungsdicke | mm |
| $b$ | Spanungsbreite | mm |
| $F_V$ | Vorschubkraft | N |
| $M_c$ | Schnittmoment | Nm |
| $P_c$ | Schnittleistung | kW |
| $P_M$ | Motorleistung (Antrieb) | kW |
| $P_{zu}$ | zugeführte Motorleistung | kW |
| $m_c$ | Exponent für Spanungsdicke | |
| $Q$ | Spanvolumen pro Zeit, Spanleistung | $\frac{mm^3}{min}$ |
| $k_c$ | spezifische Schnittkraft | $\frac{N}{mm^2}$ |
| $\eta$ | Wirkungsgrad | |
| $v_c$ | Schnittgeschwindigkeit (Mittelwert) | $\frac{m}{min}$ |
| $v_f$ | Vorschubgeschwindigkeit | $\frac{mm}{min}$ |
| $L$ | Vorschubweg | mm |

*Wirkungsgrad*

$\eta = \frac{P_c}{P_{zu}} = \frac{P_c}{P_M}$

*Hauptnutzungszeit*

$t_h = \frac{L}{v_f}$

## Fertigungstechnik

### Bohren und Reiben einer Durchgangsbohrung

*Drehzahl*

$$n = \frac{v_c \cdot 1000}{d \cdot \pi}$$

*Vorschubweg*

$$L = l + l_s + l_a + l_ü$$

*Anschnitt beim Spiralbohrer*

$$l_s = \frac{d}{2 \cdot \tan\frac{\sigma}{2}}$$

*Hauptnutzungszeit*

$$t_h = \frac{L \cdot i}{n \cdot f}$$

| | | |
|---|---|---|
| $n$ | Drehzahl | $\frac{1}{min}$ |
| $v_c$ | Schnittgeschwindigkeit | $\frac{m}{min}$ |
| $d$ | Werkzeugdurchmesser | mm |
| $L$ | Vorschubweg | mm |
| $l$ | Bohrungstiefe | mm |
| $l_a$ | Anlaufweg | mm |
| $l_ü$ | Überlaufweg | mm |
| $l_s$ | Anschnitt | mm |
| $\sigma$ | Spitzenwinkel | Grad |
| $t_h$ | Hauptnutzungszeit | min |
| $i$ | Anzahl der Schnitte | |
| $f$ | Vorschub | mm |

### Bohren und Reiben einer Grundlochbohrung

*Drehzahl*

$$n = \frac{v_c \cdot 1000}{d \cdot \pi}$$

*Vorschubweg*

$$L = l + l_s + l_a$$

*Anschnitt beim Spiralbohrer*

$$l_s = \frac{d}{2 \cdot \tan\frac{\sigma}{2}}$$

*Hauptnutzungszeit*

$$t_h = \frac{L \cdot i}{n \cdot f}$$

| | | |
|---|---|---|
| $n$ | Drehzahl | $\frac{1}{min}$ |
| $v_c$ | Schnittgeschwindigkeit | $\frac{m}{min}$ |
| $d$ | Werkzeugdurchmesser | mm |
| $L$ | Vorschubweg | mm |
| $l$ | Bohrungstiefe | mm |
| $l_s$ | Anschnitt | mm |
| $l_a$ | Anlaufweg | mm |
| $\sigma$ | Spitzenwinkel | Grad |

### Zentrierbohren und Senken

*Drehzahl*

$$n = \frac{v_c \cdot 1000}{d \cdot \pi}$$

*Vorschubweg*

$$L = l + l_a$$

*Zentriertiefe*

$$l = t_{min}$$

*Hauptnutzungszeit*

$$t_h = \frac{L \cdot i}{n \cdot f}$$

| | | |
|---|---|---|
| $n$ | Drehzahl | $\frac{1}{min}$ |
| $v_c$ | Schnittgeschwindigkeit | $\frac{m}{min}$ |
| $d$ | Werkzeugdurchmesser | mm |
| $L$ | Vorschubweg | mm |
| $l$ | Senktiefe/Zentriertiefe | mm |
| $l_a$ | Anlaufweg | mm |
| $t_{min}$ | Mindesttiefe der Zentrierbohung | mm |
| $i$ | Anzahl der Schnitte | |
| $f$ | Vorschub | mm |

# Fertigungstechnik

## Gewindebohren

*Drehzahl*

$n = \frac{v_c \cdot 1000}{d \cdot \pi}$

*Vorschubweg bei Durchgangsbohung*

$L = l + l_s + l_a + l_ü$

*Vorschubweg bei Grundlochbohung*

$L = l + l_s + l_a$

*Anschnitt*

$l_s = P \approx 3 \dots 5 \cdot g \cdot P$

*Hauptnutzungszeit*

$t_h = \frac{L \cdot i}{n \cdot f}$

| | | |
|---|---|---|
| $n$ | Drehzahl | $\frac{1}{min}$ |
| $v_c$ | Schnittgeschwindigkeit | $\frac{m}{min}$ |
| $d$ | Werkzeugdurchmesser | mm |
| $L$ | Vorschubweg | mm |
| $l$ | Gewindebohrungstiefe | mm |
| $l_s$ | Anschnitt | mm |
| $l_a$ | Anlaufweg | mm |
| $l_ü$ | Überlaufweg | mm |
| $P$ | Steigung | mm |
| $i$ | Anzahl der Schnitte | |
| $f$ | Vorschub | mm |
| $g$ | Gangzahl | |

## Drehen

*Schnittkraft*

$F_c = k_c \cdot A$

$k_c = \frac{k_{c\,1,1}}{h^{mc}} \cdot c_1 \cdot c_2 \cdot c_3 \cdot c_4$

*Schnittleistung*

$P_c = F_c \cdot v_c$

$= A \cdot k_c \cdot d_m \cdot \pi \cdot n$

$P_c = a_p \cdot f \cdot k_c \cdot d_m \cdot \pi \cdot n$

$d_m = \frac{d + d_1}{2}$

*Spanungsquerschnitt*

$A = b \cdot h = a_p \cdot f$

$a_p = \frac{d - d_1}{2}$ $b = \frac{a_p}{\sin \varkappa_r}$

$h = f \cdot \sin \varkappa_r$

*Spanleistung*

$Q = A \cdot v_c = a_p \cdot f \cdot v_c$

$Q = \frac{P_c}{k_c}$

*Hauptnutzungszeit*

$t_h = \frac{L \cdot i}{n \cdot f}$

| | | |
|---|---|---|
| $A$ | Spanungsquerschnitt | $mm^2$ |
| $a_p$ | Schnitttiefe | mm |
| $d$ | Durchmesser | mm |
| $d_1$ | Durchmesser | mm |
| $d_m$ | mittlerer Durchmesser | mm |
| $f$ | Vorschub pro Umdrehung | mm |
| $n$ | Drehzahl | $\frac{1}{min}$ |
| $F_c$ | Schnittkraft | N |
| $F_p$ | Passivkraft, Rückkraft | N |
| $i$ | Anzahl der Schnitte | |
| $F_v$ | Vorschubkraft | N |
| $h$ | Spanungsdicke | mm |
| $b$ | Spanungsbreite | mm |
| $P_c$ | Schnittleistung | kW |
| $P_{zu}$ | zugeführte Motorleistung | kW |
| $k_c$ | spezifische Schnittkraft | $\frac{N}{mm^2}$ |
| $k_{c\,1,1}$ | Hauptwert der spezifischen Schnittkraft | $\frac{N}{mm^2}$ |
| $Q$ | Spanvolumen pro Zeit, Spanleistung | $\frac{mm^3}{min}$ |

| | | |
|---|---|---|
| $m_c$ | Exponent zur Berücksichtigung der Spanungsdicke | |
| $L$ | Vorschubweg | mm |
| $v_c$ | Schnittgeschwindigkeit | $\frac{m}{min}$ |
| $v_f$ | Vorschubgeschwindigkeit | $\frac{mm}{min}$ |
| $\eta$ | Wirkungsgrad | |
| $c_1$ | Korrekturfaktor Spanwinkel | |
| $c_2$ | Korrekturfaktor Neigungswinkel | |
| $c_3$ | Korrekturfaktor Spanverfahren | |
| $c_4$ | Korrekturfaktor Kühlung bzw. Schmierung | |

*Wirkungsgrad*

$\eta = \frac{P_c}{P_{zu}} = \frac{F_c \cdot v_c}{P_{zu}}$

Fortsetzung nächste Seite

# Fertigungstechnik

## Drehen

Fortsetzung

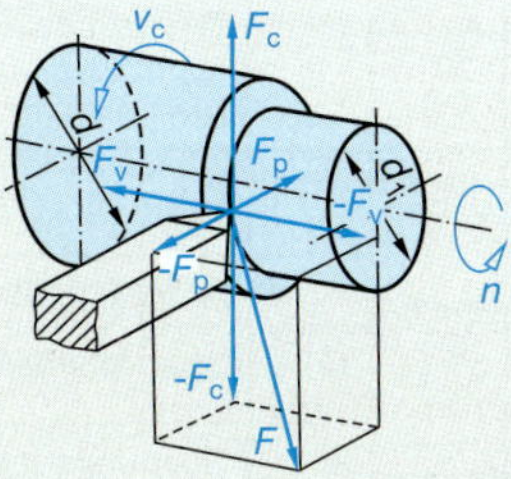


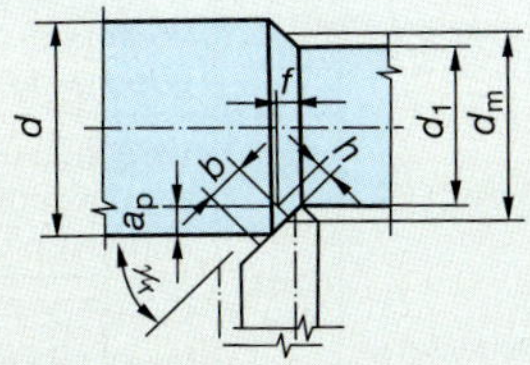


## Fräsen

*Schnittkraft*

$$F_c = A \cdot k_c \qquad k_c = \frac{k_{c\,1,1}}{h^{mc}}$$

*Schnittgeschwindigkeit*

$$v_c = d \cdot \pi \cdot n$$

*Vorschubgeschwindigkeit*

$$v_f = f \cdot n = f_z \cdot z \cdot n$$

*Spanungsquerschnitt*

$$A = a_p \cdot h_m \cdot z_e$$

$$A = 0{,}9 \cdot f_z \cdot a_p \cdot z_e$$

*Eingriffswinkel*

$$\sin \frac{\varphi_S}{2} = \frac{a_e}{d}$$

*Schnittleistung*

$$P_c = F_c \cdot v_c = A \cdot k_c \cdot v_c$$

$$P_c = Q \cdot k_c$$

*Spanleistung*

$$Q = \frac{P_c}{k_c} = a_p \cdot a_e \cdot v_f$$

*Schneidenzahl im Eingriff*

$$z_e = z \cdot \frac{\varphi_S}{360°}$$

| | | |
|---|---|---|
| $f$ | Vorschub/Umdrehung | mm |
| $f_z$ | Vorschub/Zahn | mm |
| $z$ | Zähnezahl des Fräsers | |
| $z_e$ | Zähnezahl im Eingriff | |
| $h_m$ | Spanungsdicke, Mittelwert | mm |

| | | |
|---|---|---|
| $d$ | Fräserdurchmesser | mm |
| $b$ | Werkstückbreite, Spanungsbreite | mm |
| $A$ | Spanungsquerschnitt | $mm^2$ |
| $a_p$ | Schnittbreite, Schnitttiefe, in Achsrichtung gemessen | mm |
| $a_e$ | Achseingriff, quer zur Werkzeugachse gemessen | mm |
| $F_c$ | Schnittkraft | N |
| $k_c$ | spezifische Schnittkraft | $\frac{N}{mm^2}$ |
| $k_{c\,1,1}$ | Hauptwert der spezifischen Schnittkraft | $\frac{N}{mm^2}$ |
| $m_c$ | Exponent zur Berücksichtigung der Spanungsdicke | |
| $n$ | Drehzahl | $\frac{1}{min}$ |
| $i$ | Anzahl der Schnitte | |
| $L$ | Vorschubweg | mm |
| $v_c$ | Schnittgeschwindigkeit | $\frac{m}{min}$ |
| $v_f$ | Vorschubgeschwindigkeit | $\frac{mm}{min}$ |
| $Q$ | Spanvolumen pro Zeit, Spanleistung | $\frac{mm^3}{min}$ |
| $\varphi_S$ | Eingriffswinkel | Grad |
| $\varkappa_r$ | Werkzeugeinstellwinkel | Grad |

*Umfangsfräsen*

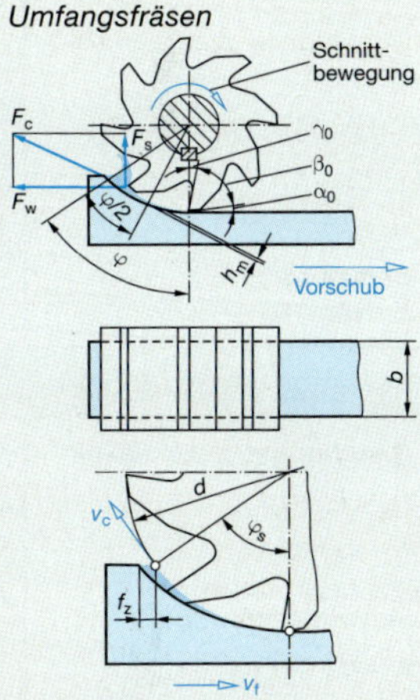


$F_c$ Schnittkraft
$F_w$ waagerechter Anteil der Schnittkraft
$F_s$ senkrechter Anteil der Schnittkraft
$\alpha_0$ Freiwinkel
$\beta_0$ Keilwinkel
$\gamma_0$ Spanwinkel

*Stirnplanfräsen*

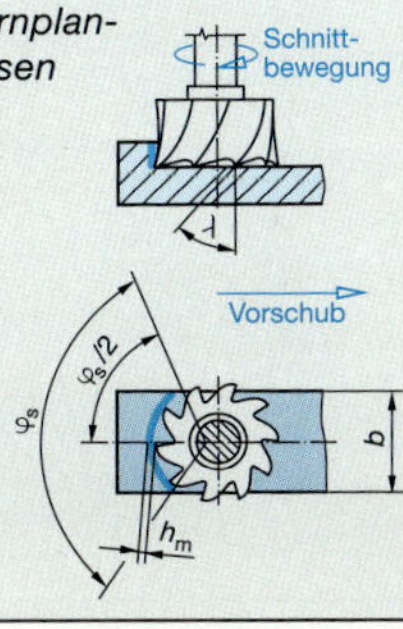

# Schleifen

## Außen-Längsrundschleifen

*Vorschubgeschwindigkeit*

$v_f = d \cdot \pi \cdot n$

$v_{fL} = n \cdot f$

$Q = A \cdot v_f$

*Schnittgeschwindigkeit*

$v_c = d_s \cdot \pi \cdot n_s$

*Geschwindigkeitsverhältnis*

$q = \frac{v_c}{v_{fL}} \triangleq \frac{v_c}{v_{fp}} = \frac{d_s \cdot n_s}{d \cdot n}$

*Hauptnutzungszeit*

$t_h = \frac{L \cdot i}{v_f}$

| | | |
|---|---|---|
| $v_c$ | Schnittgeschwindigkeit | $\frac{m}{min}$ |
| $v_f$ | Vorschubgeschwindigkeit | $\frac{m}{min}$ |
| $v_{fL}$ | Vorschubgeschwindigkeit, Längsvorschub | $\frac{m}{min}$ |
| $v_{fp}$ | Vorschubgeschwindigkeit, Planvorschub | $\frac{m}{min}$ |
| $d$ | Werkstückdurchmesser | mm |
| $d_s$ | Schleifscheibendurchmesser | mm |
| $n$ | Drehzahl des Werkstücks | $\frac{1}{min}$ |
| $n_s$ | Drehzahl der Schleifscheibe | $\frac{1}{min}$ |
| $q$ | Geschwindigkeitsverhältnis | |
| $f$ | Vorschub/Umdrehung | mm |
| $L$ | Werkzeugweg, Vorschubweg einschließlich Überlauf, Anlauf | mm |
| $n_H$ | Hubzahl | $\frac{1}{min}$ |
| $i$ | Anzahl der Schnitte | |
| $Q$ | Spanvolumen pro Zeit | $\frac{mm^3}{min}$ |
| $A$ | Spanungsquerschnitt | $mm^2$ |

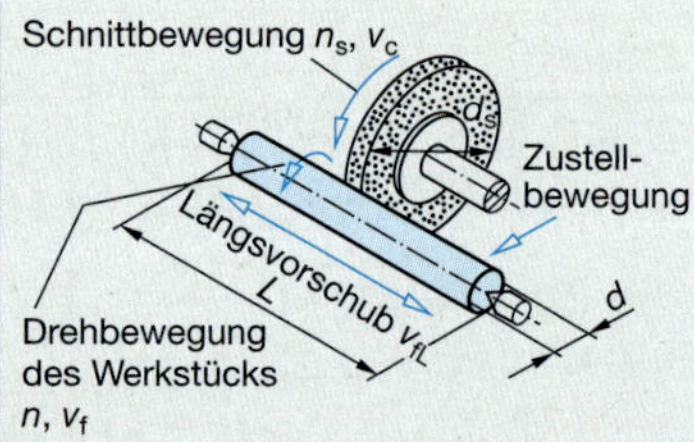


## Umfangs-Planschleifen

*Vorschubgeschwindigkeit*

$v_{fp} = L \cdot n_H$

$A = a_p \cdot a_e$

*Schnittgeschwindigkeit*

$v_c = d_s \cdot \pi \cdot n_s$

*Geschwindigkeitsverhältnis*

$q = \frac{v_c}{v_{fL}} \triangleq \frac{v_c}{v_{fp}} = \frac{d_s \cdot n_s}{d \cdot n}$

| | | |
|---|---|---|
| $A$ | Spanungsquerschnitt | $mm^2$ |
| $a_p$ | Schnitttiefe | mm |
| $a_e$ | Arbeitseingriff | mm |
| $v_{fp}$ | Vorschubgeschwindigkeit, Planvorschub | $\frac{m}{min}$ |
| $L$ | Werkzeugweg | mm |
| $n_H$ | Hubzahl | |
| $v_c$ | Schnittgeschwindigkeit | $\frac{m}{min}$ |
| $d_s$ | Schleifscheibendurchmesser | mm |
| $n_s$ | Drehzahl der Schleifscheibe | $\frac{1}{min}$ |
| $q$ | Geschwindigkeitsverhältnis | |
| $v_{fL}$ | Vorschubgeschwindigkeit, Längsvorschub | $\frac{m}{min}$ |
| $d$ | Werkstückdurchmesser | mm |
| $n$ | Drehzahl des Werkstücks | $\frac{1}{min}$ |

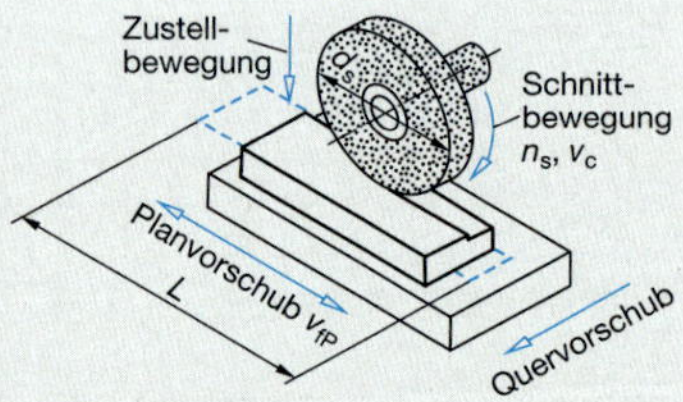

# Biegen

## Gestreckte Länge

$\alpha = \beta = 90°$

*Eine Biegestelle*

$L = l_1 + l_2 - v$

*n-Biegestellen*

$L = l_1 + l_2 + l_3 + \ldots - n \cdot v$

| | | |
|---|---|---|
| $\alpha$ | Biegewinkel, Außenmaß | Grad |
| $\beta$ | Öffnungswinkel, Innenmaß | Grad |
| $L$ | gestreckte Länge | mm |
| $l$ | Teillängen | mm |
| $n$ | Anzahl der Biegestellen | |
| $v$ | Ausgleichswert für eine Verkürzung in der Biegestelle | |

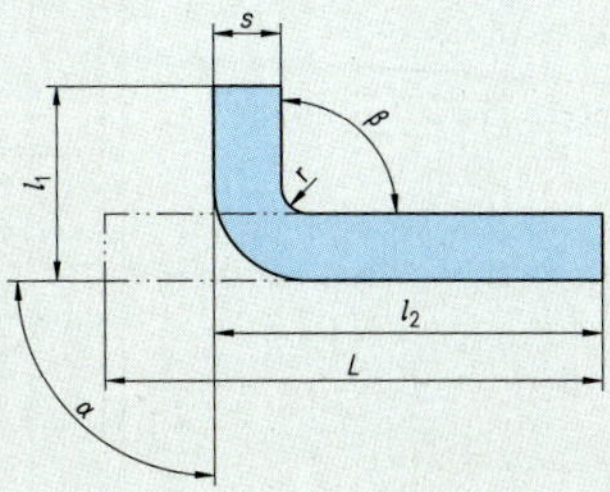


## Kreisförmig gebogen

$L = \pi \cdot d_m$ $\quad d_m = \frac{L}{\pi}$

$\widehat{l_1} = d_m \cdot \pi \cdot \frac{\alpha}{360°}$

$d_m = \frac{\widehat{l_1} \cdot 360°}{\pi \cdot \alpha}$

$\alpha = \frac{\widehat{l_1} \cdot 360°}{\pi \cdot d_m}$

$L = \widehat{l_1} + l_2$

| | | |
|---|---|---|
| $L$ | Werkstücklänge | mm |
| $d_m$ | Durchmesser der Schwerpunktlinie (neutrale Faser) | mm |
| $\widehat{l}$ | gestreckte Längen | mm |
| $\alpha$ | Biegewinkel | Grad |
| $\widehat{l_1}, l$ | Teillängen | mm |

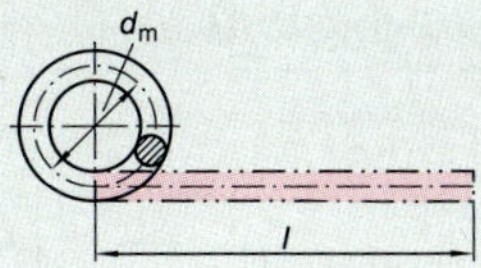


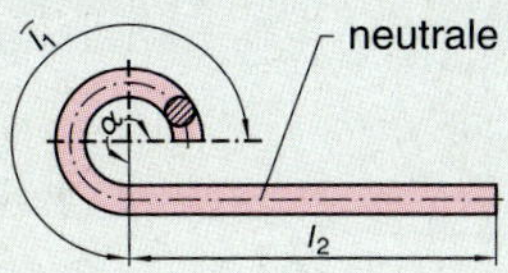


## Scharfkantig gebogen, Ecken gestaucht

$L = 2 \cdot l_1 + 2 \cdot l_2 - n \cdot s$

$L = 2 \cdot l_3 + 2 \cdot l_4 + n \cdot s$

| | | |
|---|---|---|
| $L$ | Werkstücklänge | mm |
| $l_1, l_2$ | Außenmaße | mm |
| $l_3, l_4$ | Innenmaße | mm |
| $n$ | Anzahl der Biegekanten | |
| $s$ | Werkstückdicke | mm |

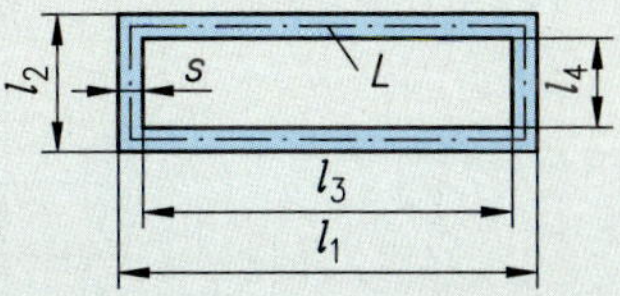


## Scharfkantig gebogen, Ecken abgerundet

$L = 2 \cdot l_1 + 2 \cdot l_2 + s \cdot \pi - 8 \cdot s$

$L = 2 \cdot l_3 + 2 \cdot l_4 + s \cdot \pi$

| | | |
|---|---|---|
| $L$ | Werkstücklänge | mm |
| $l_1, l_2$ | Außenmaße | mm |
| $l_3, l_4$ | Innenmaße | mm |
| $n$ | Anzahl der Biegekanten | |
| $s$ | Werkstückdicke | mm |

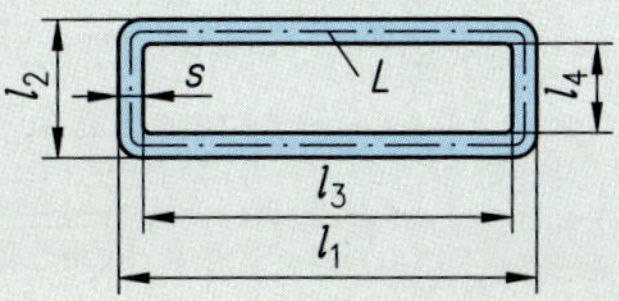

# Biegen

## Biegerückfederung

*Rückfederungsfaktor*

$k_R = \frac{\alpha_2}{\alpha_1}$

*Rückfederungswinkel*

$\alpha_R = \alpha_1 - \alpha_2$

*Radius am Biegewerkzeug*

$r_1 = k_R \cdot \left(r_2 + \frac{s}{2}\right) - \frac{s}{2}$

| | | |
|---|---|---|
| $k_R$ | Rückfederungsfaktor | |
| $\alpha_R$ | Rückfederungswinkel | Grad |
| $\alpha_1$ | Biegewinkel am Biegewerkzeug | Grad |
| $\alpha_2$ | Biegewinkel am Biegeteil nach Rückfederung | Grad |
| $s$ | Werkstückdicke | mm |
| $r_1$ | Radius am Biegewerkzeug | mm |
| $r_2$ | Radius am Biegeteil am Werkstück | mm |

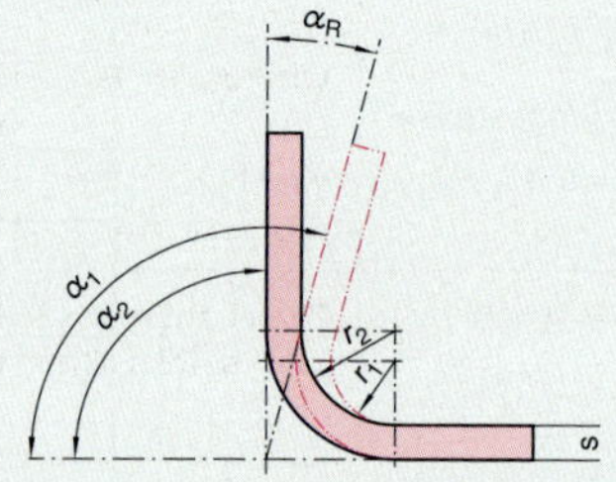


## Zuschnittsermittlung für Teile mit beliebigem Biegewinkel

*Öffnungswinkel $\beta \leq 90°$*

$$v = 2 \cdot (r + s) - \pi \cdot \left(\frac{180° - \beta}{180°}\right) \cdot \left(r + \frac{s}{2} \cdot k\right)$$

*Öffnungswinkel $\beta > 90°$ bis 165°*

$$v = 2 \cdot (r + s) \cdot \tan \frac{180° - \beta}{2} - \pi \cdot \left(\frac{180° - \beta}{180°}\right) \cdot \left(r + \frac{s}{2} \cdot k\right)$$

*Gestreckte Länge*

$L = l_1 + l_2 - v$

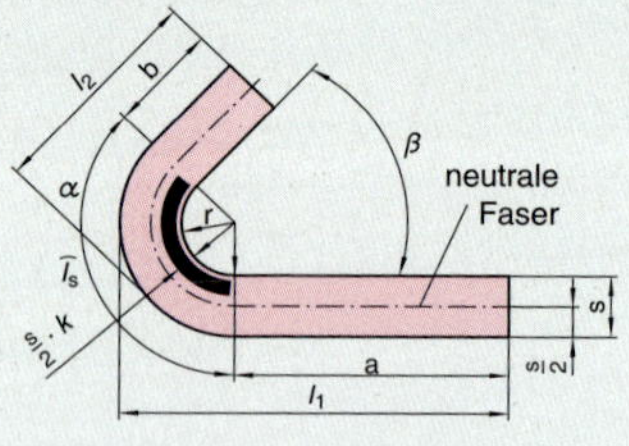


| | | |
|---|---|---|
| $L$ | gestreckte Länge | mm |
| $l_1, l_2$ | Länge der Schenkel | mm |
| $s$ | Dicke | mm |
| $r$ | Biegeradius | mm |
| $v$ | Ausgleichswert | mm |
| $\beta$ | Öffnungswinkel | Grad |
| $k$ | Korrekturfaktor | |

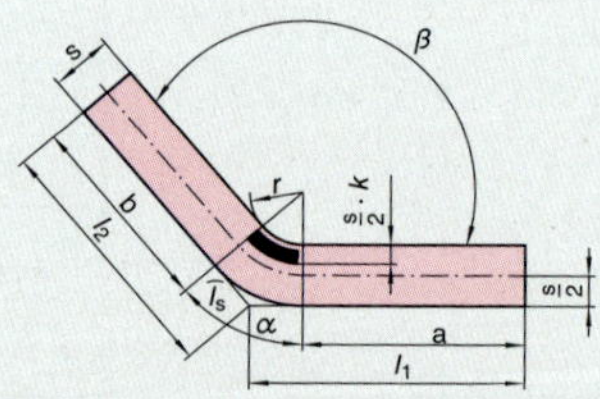


# Toleranzen und Passungen

## Grundbegriffe, Toleranzen

| | |
|---|---|
| *Nennmaß* | Maß, das in der Zeichnung angegeben wird (ideales Sollmaß). Hierauf werden die *Abmaße* bezogen. |
| *Istmaß* | Das durch Messung an *einem* Werkstück und an *einer* Stelle des Werkstücks ermittelte Maß. Es ist immer mit einer *Messunsicherheit* behaftet. |

## Toleranzen und Passungen

### Grundbegriffe, Toleranzen

*Passmaß*

In einer Zeichnung sind die Grenzen angegeben, innerhalb derer das *Istmaß* (z. B. 25) liegen muss. Die Grenzen werden durch die *Grenzabmaße* + 15 und – 10 festgelegt.

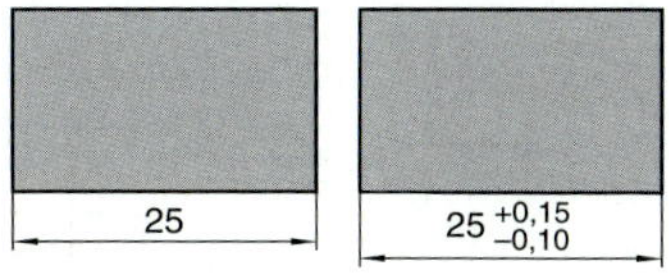


*Oberes Abmaß:* Kennzeichnet die obere Grenze (+ 15).

*Unteres Abmaß:* Kennzeichnet die untere Grenze (– 10).

Die gesamte Maßangabe $25^{+0,15}_{-0,10}$ wird *Passmaß* genannt.

*Grenzmaß*

Zwei Längenmaße (z. B. 25,15 und 24,90), zwischen denen das Istmaß des Werkstücks liegen muss.

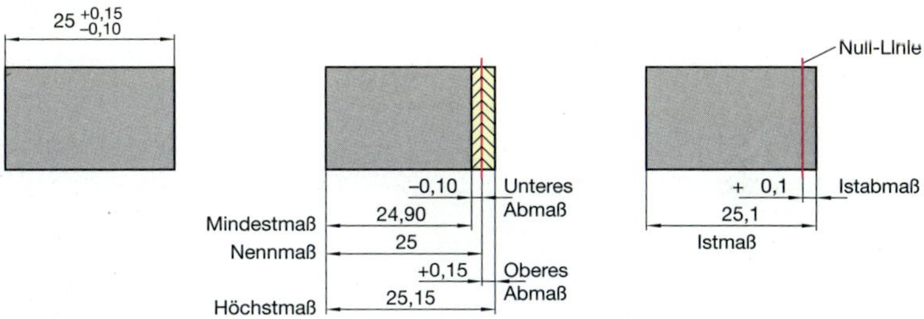


Auf der linken Zeichnung steht das *Passmaß*. Aus dem Passmaß ergeben sich *Höchstmaß*, *Mindestmaß*, *oberes* und *unteres Abmaß*.

*Grenzabmaße*

Grenzabmaße sind die Grenzwerte der zulässigen Abweichungen. *Grenzabmaße* sind *oberes* und *unteres Abmaß*.

*Oberes Abmaß:* Unterschied zwischen *Höchstmaß* und *Nennmaß*.

*Unteres Abmaß:* Unterschied zwischen *Mindestmaß* und *Nennmaß*.

*Null-Linie:* Bezugslinie, die in der bildlichen Darstellung verwendet wird. Sie entspricht dem *Nennmaß*, also dem *Abmaß Null*. Die *Grenzabmaße* werden auf die Null-Linie bezogen.

In Tabellen sind *Grenzabmaße* im Allgemeinen in µm angegeben. Sie müssen dann in mm umgerechnet werden.

Sind beide Abmaße gleich und liegen symmetrisch zur Null-Linie, wird das Passmaß vereinfacht geschrieben, z. B. 25 ± 0,2.
Wenn ein Abmaß Null ist, wird es im Passmaß nicht angegeben.

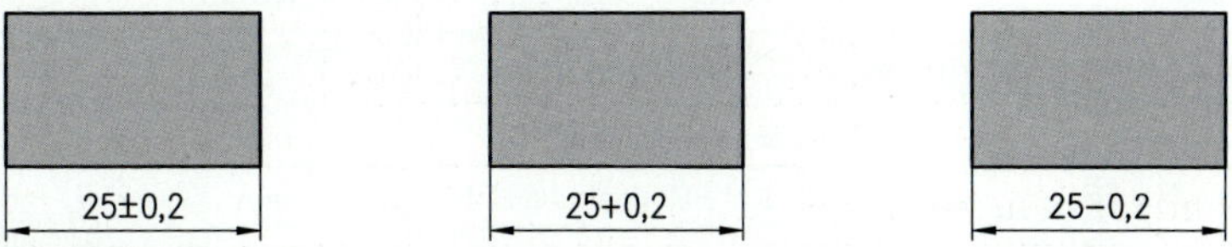


*Toleranz*

Differenz zwischen dem *Höchstwert* und dem *Mindestwert* einer *messbaren Eigenschaft*. Toleranz ist auch ein *Fertigungsspielraum*, der zugelassen, geduldet, toleriert wird.

Die *Maßtoleranz* ergibt sich aus der Differenz von Höchstmaß und Mindestmaß.

## Toleranzen und Passungen

### Grundbegriffe, Toleranzen

| | |
|---|---|
| *Toleranzfeld* | Toleranzfeld ist das Intervall zwischen dem *Mindestmaß* und dem *Höchstmaß*. In der bildlichen Darstellung ist es das Feld, das durch die Linien für das Höchstmaß und das Mindestmaß begrenzt wird. Es gibt die Toleranz zu ihrer *Größe* und ihrer *Lage zur Null-Linie* (zum Nennmaß) an. Das Toleranzfeld kann beliebig zur Null-Linie liegen. |

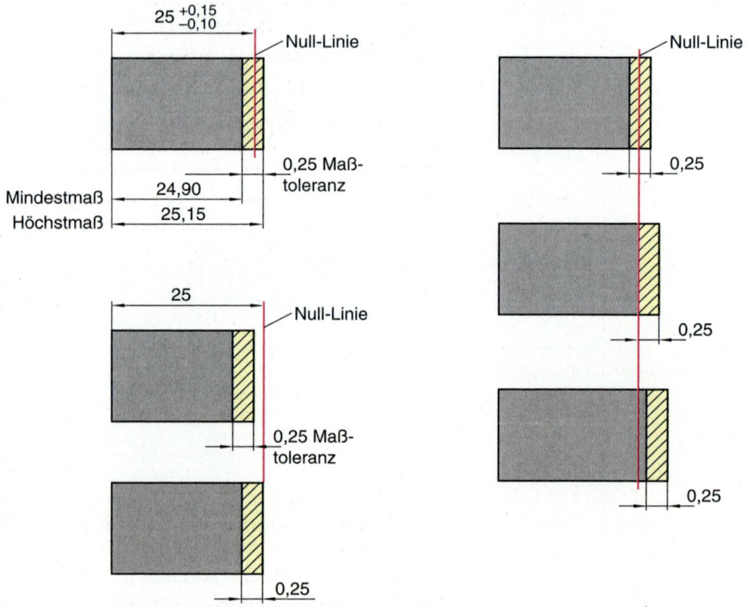


| | |
|---|---|
| *Allgemein-toleranzen* | Allgemeintoleranzen entsprechen in ihren *Toleranzklassen* der werkstattüblichen Genauigkeit.<br>Die geeignete *Toleranzklasse* ist auszuwählen und in der Zeichnung anzugeben. |
| *Toleranzklasse* | Kombination eines *Grundabmaßes* mit einem Toleranzgrad, z. B. H7. |
| *Grundabmaß* | Grenzabmaß, das am nächsten beim Nennmaß liegt. Grundabmaße werden mit Buchstaben (z. B. H, h) gekennzeichnet. |
| *Passung* | Geplanter Fügezustand zwischen Bohrung und Welle. |

### Bohrungen, Grenzmaße und Passungen

*Höchstmaß*

$G_{oB} = N + ES$

*Mindestmaß*

$G_{uB} = N + EI$

*Toleranz*

$T_B = ES - EI$

$T_B = G_{oB} - G_{uB}$

| | | |
|---|---|---|
| $N$ | Nennmaß | mm |
| $G_{oB}$ | Höchstmaß Bohrung | mm |
| $G_{uB}$ | Mindestmaß Bohrung | mm |
| $ES$ | oberes Abmaß, Bohrung | mm |
| $EI$ | unteres Abmaß, Bohrung | mm |
| $T_B$ | Toleranz, Bohrung | mm |

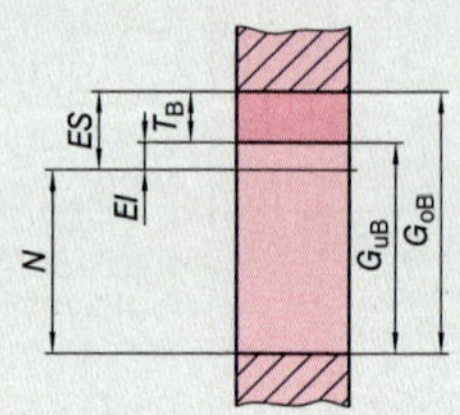

# Toleranzen und Passungen

## Wellen, Grenzmaße und Passungen

*Höchstmaß*

$G_{oW} = N + es$

*Mindestmaß*

$G_{uW} = N + ei$

*Toleranz*

$T_W = es - ei$

$T_W = G_{oW} - G_{uW}$

| | | |
|---|---|---|
| $N$ | Nennmaß | mm |
| $G_{oW}$ | Höchstmaß Welle | mm |
| $G_{uW}$ | Mindestmaß Welle | mm |
| $es$ | oberes Abmaß, Welle | mm |
| $ei$ | unteres Grenzmaß, Welle | mm |
| $T_W$ | Toleranz, Welle | mm |

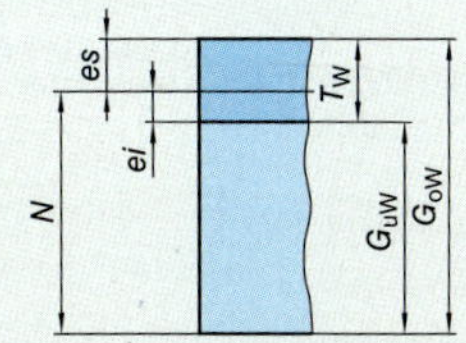


## Spielpassung

*Höchstspiel*

$P_{SH} = G_{oB} - G_{uW}$

$P_{SH} = ES - ei$

*Mindestspiel*

$P_{SM} = G_{uB} - G_{oW}$

$P_{SM} = ES - es$

| | | |
|---|---|---|
| $P_{SH}$ | Höchstspiel | mm |
| $P_{SM}$ | Mindestspiel | mm |

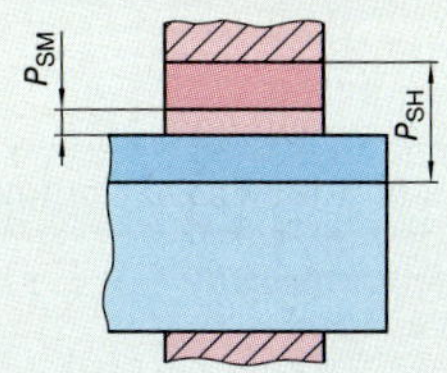


## Übergangspassung

*Höchstspiel*

$P_{SH} = G_{oB} - G_{uW}$

$P_{SH} = ES - ei$

*Höchstübermaß*

$P_{ÜH} = G_{uB} - G_{oW}$

$P_{ÜH} = EI - es$

| | | |
|---|---|---|
| $P_{SH}$ | Höchstspiel | mm |
| $P_{SM}$ | Höchstübermaß | mm |

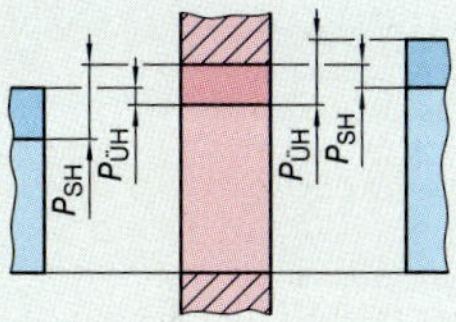


## Übermaßpassung

*Höchstübermaß*

$P_{ÜH} = G_{uB} - G_{oW}$

$P_{ÜH} = EI - es$

*Mindestübermaß*

$P_{ÜM} = G_{oB} - G_{uW}$

$P_{ÜM} = ES - ei$

| | | |
|---|---|---|
| $P_{ÜH}$ | Höchstübermaß | mm |
| $P_{ÜM}$ | Mindestübermaß | mm |

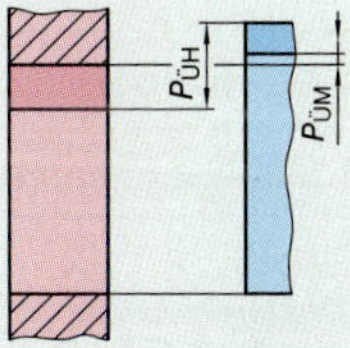


Notizen

# Toleranzen und Passungen

## Passungssystem Einheitsbohrung

*Grundabmaße für Wellen*

Bohrungen haben stets das Grundabmaß H.

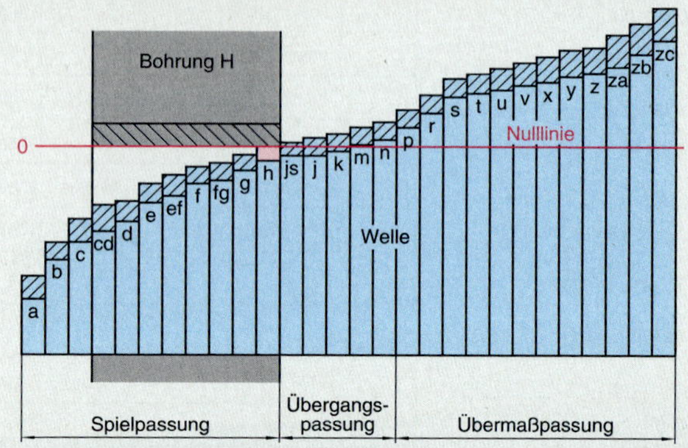


## Passungssystem Einheitswelle

*Grundabmaße für Bohrungen*

Wellenmaße haben das Grundabmaß h.

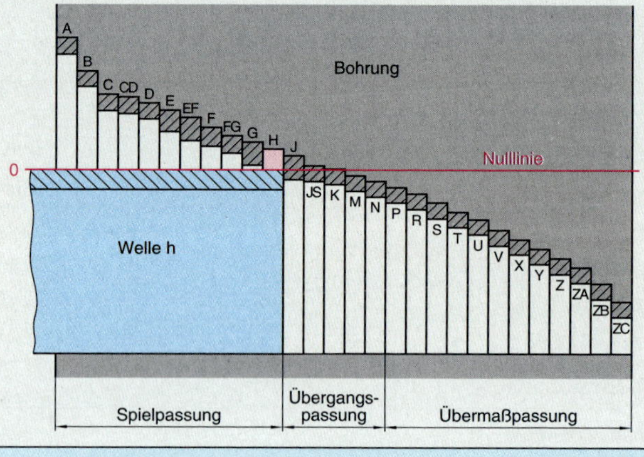


# CNC-Werkzeugmaschinen

## Koordinatenachsen und Bewegungsrichtungen

*Kartesisches Koordinatensystem*

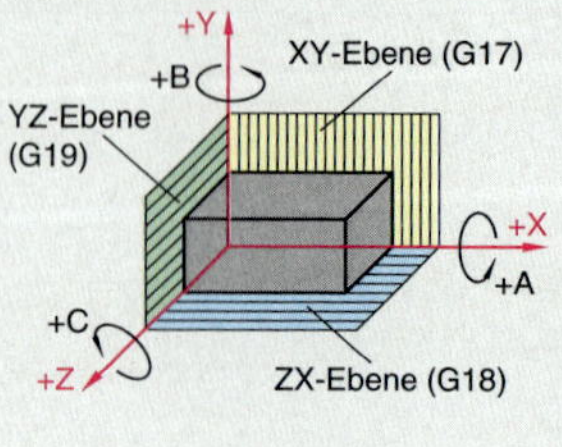


*Rechtehandregel*

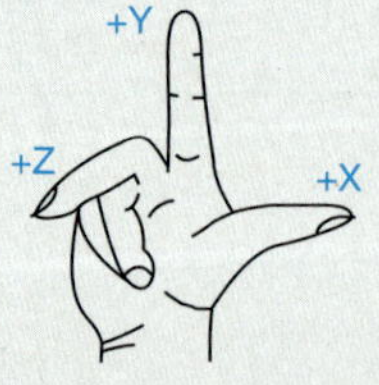


Daumen in X-Richtung, Zeigefinger in Y-Richtung, Mittelfinger in Z-Richtung

*Drehwinkel*

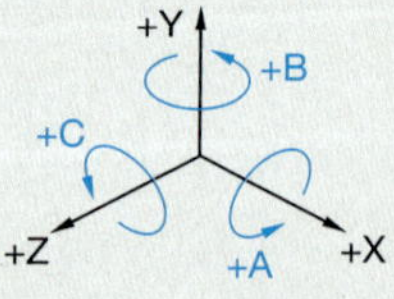


Wenn man bei einer Achse in die positive Richtung blickt, dann ist die Drehrichtung im Uhrzeigersinn die positive Drehrichtung.

# CNC-Werkzeugmaschinen

## Bewegungsrichtungen

| Drehmaschinen | | Fräsmaschinen | |
|---|---|---|---|
| *Meißel vor Drehmitte* 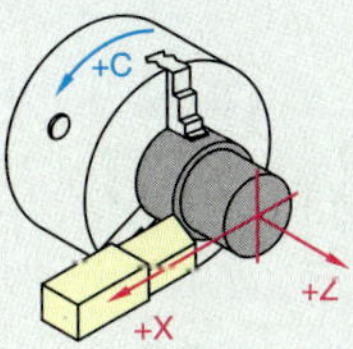  | *Meißel hinter Drehmitte* 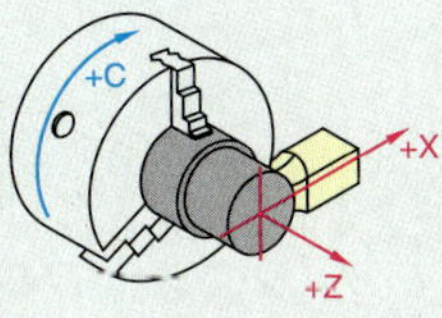  | *Senkrecht-Fräsmaschine* 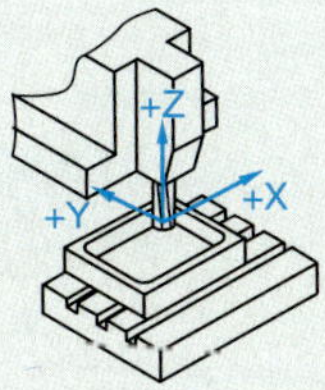  | *Waagerecht-Fräsmaschine* 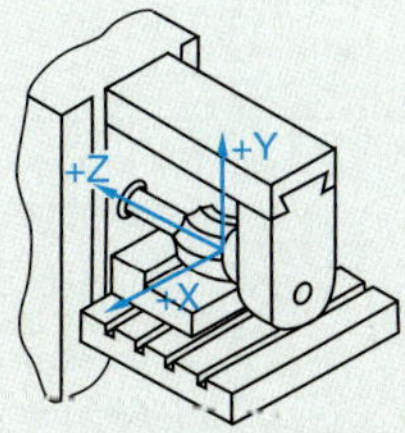  |

## Bezugspunkte

| Zeichen | Bezugspunkt | Beschreibung |
|---|---|---|
| M  | Maschinen-nullpunkt | Ursprung des Maschinenkoordinatensystems, Schnittpunkt der Arbeitsspindelachse mit dem Werkstückträger; vom Hersteller festgelegt |
| W  | Werkstück-nullpunkt | Ursprung der Werkstückkoordinaten; vom Programmierer nach fertigungstechnischen Gesichtspunkten festgelegt |
| R  | Referenz-punkt | Ursprung des inkremental messenden CNC-Systems mit exaktem Abstand zum Maschinennullpunkt. Der Referenzpunkt wird zum Nullsetzen des Messsystems angefahren |
| P0  | Programm-nullpunkt | Gibt die Koordinaten des Punktes an, an dem sich das Werkzeug vor Beginn des Programmstarts befindet |
| T  | Werkzeug-träger-Bezugspunkt | Liegt mittig an der Anschlagfläche der Werkzeugaufnahme. Fräsmaschinen: Stirnfläche Werkzeugspindel; Drehmaschinen: Anschlagfläche des Werkzeughalters am Revolver |
| A  | Anschlag-punkt | Anlagepunkt des Drehwerkstückes |

**Beispiele**

*Bezugspunkte an einer Drehmaschine*

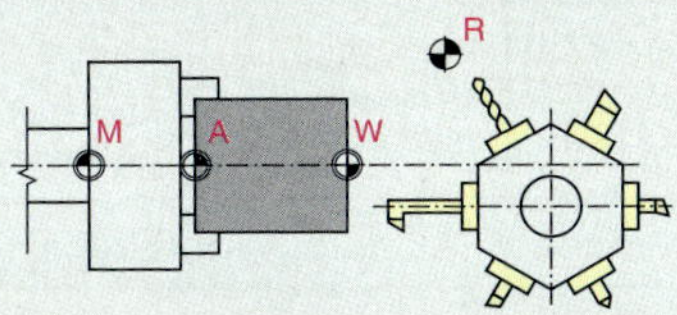


*Werkzeugeinstellpunkt am Drehmeißel*

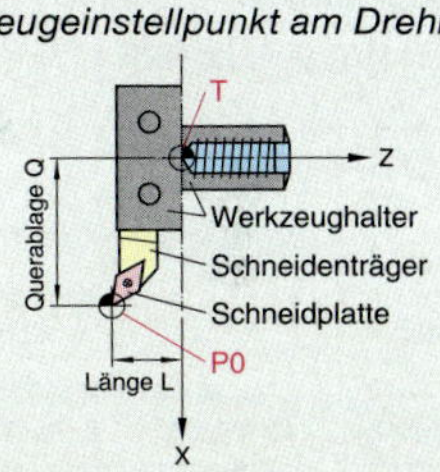


*Bezugspunkte an einer Fräsmaschine*

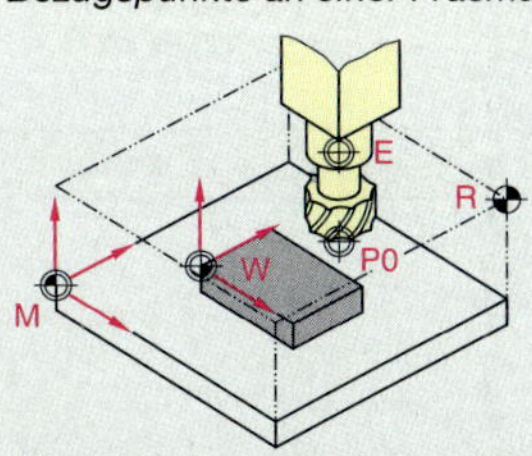


*Hinweis:*

Zur Vereinfachung der Programmierung wird angenommen, dass sich nur das Werkzeug bewegt. Das Werkstück steht still.

Fortsetzung nächste Seite

# CNC-Werkzeugmaschinen

## Bezugspunkte

Fortsetzung

| Zeichen | Bezugspunkt |
|---|---|
| Ww  | Werkzeug-Wechsel-punkt |
| E  | Werkzeug-Einstellpunkt |
| N  | Werkzeug-Aufnahme-punkt |
| F  | Schlitten-Bezugspunkt |
| P ∘ | Werkzeug-Schneiden-punkt |

**Beispiele**

*Werkzeugeinstellpunkt am Drehmeißel*

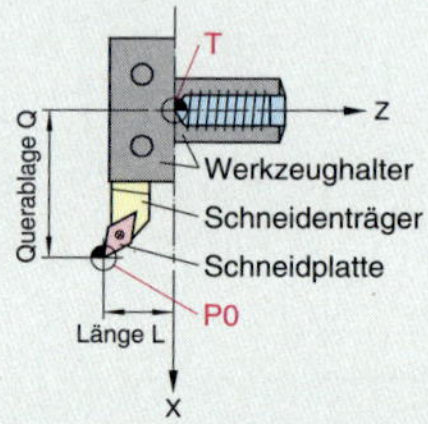


*Bezugspunkte an einer Fräsmaschine*

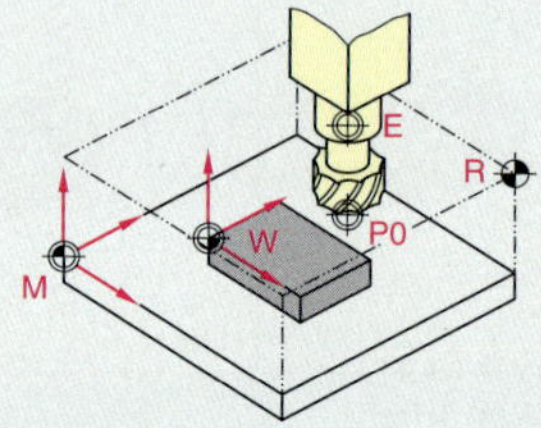


*Hinweis:*

Zur Vereinfachung der Programmierung wird angenommen, dass sich nur das Werkzeug bewegt. Das Werkstück steht still.

## Satzbau, Reihenfolge der Wörter

Ein *Programm* besteht aus mehreren Sätzen, ein *Satz* aus mehreren Wörtern, ein *Wort* aus einem Adressbuchstaben und einer Ziffernfolge.

*Beispiel:* **Hauptsatz N20**

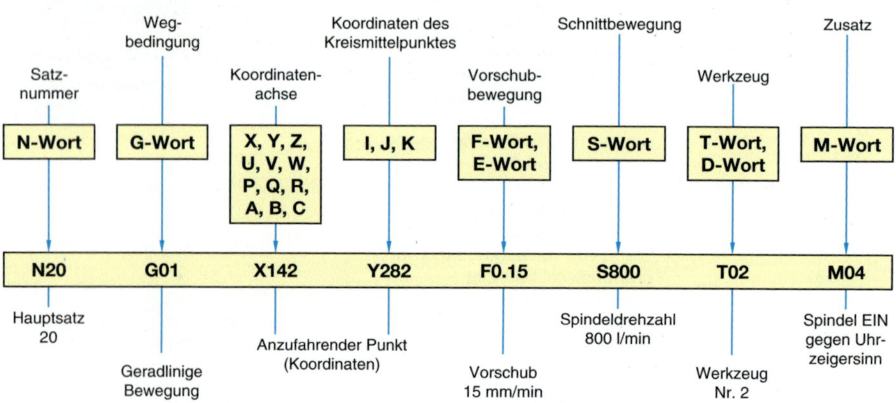

# Sachwortverzeichnis

## L



## M



## N



## O



## P



## Q



## R



## S



## T



## U



## V



## W



## Z